Ausgehend von einer kritischen Gegenwartsanalyse entwerfen der Architekt Friedrich von Borries und der Städteplaner Benjamin Kasten das Bild einer zukünftigen Stadt, die ökologischer und gerechter als die Stadt der Gegenwart ist. Sie ist größer, höher, dichter und grüner – und sie hat eine neue politische Rolle. Diese Stadt der Zukunft hat den Nationalstaat als Identifikationsraum abgelöst. Die Weltgemeinschaft wird nicht mehr von Staatschefs, sondern von Bürgermeistern organisiert. Diese Vision einer zukünftigen Weltstadt wird durch zahlreiche konkrete Beispiele anschaulich gemacht.

Friedrich von Borries, geb. 1974, ist Architekt und Professor für Designtheorie an der HFBK Hamburg. Das von ihm gegründete Projektbüro Friedrich von Borries setzt sich theoretisch und praktisch mit der Zukunft der Stadt auseinander.

Benjamin Kasten, geb. 1980, studierte Stadt- und Regionalplanung. Seit 2012 arbeitet er für das Projektbüro Friedrich von Borries.

Weitere Informationen finden Sie auf www.fischerverlage.de

Friedrich von Borries
Benjamin Kasten

Stadt der Zukunft

Wege in die Globalopolis

FISCHER Taschenbuch

Entwürfe für eine Welt mit Zukunft
Herausgegeben von Harald Welzer und Klaus Wiegandt

MIX
Papier aus verantwortungsvollen Quellen
FSC® C083411
www.fsc.org

Originalausgabe

Erschienen bei FISCHER Taschenbuch
Frankfurt am Main, Oktober 2019

Illustrationen: Frieder Bohaumilitzky, Friedrich von Borries
und Benjamin Kasten
Mitarbeit Recherche und Glossar: Mara Recklies
Gesamtherstellung: CPI books GmbH, Leck
Printed in Germany
ISBN 978-3-596-70432-3

Inhalt

Entwürfe für eine Welt mit Zukunft

Das 19. und 20. Jahrhundert waren die Epoche der expansiven Moderne. Immer weitere Teile der Welt folgten dem industriegesellschaftlichen und wachstumswirtschaftlichen Pfad, ihre Bewohnerinnen und Bewohner erlebten materiellen und vor allem auch immateriellen Fortschritt: Die Gesellschaften demokratisierten sich, wurden freiheitliche Rechtsstaaten, Arbeitsschutzrechte, Bildungs-, Gesundheits- und Sozialversorgung wurden erkämpft. Im 21. Jahrhundert, da die Globalisierung fast den ganzen Planeten in den wachstumswirtschaftlichen Sog gezogen, aber dabei keineswegs überall Freiheit, Demokratie und Recht etabliert hat, stehen wir vor der Herausforderung, den erreichten zivilisatorischen Standard zu sichern, denn dieser gerät immer mehr unter den Druck von Umweltzerstörung, Ressourcenkonkurrenz, Klimaerwärmung – um nur einige der gravierendsten Probleme zu nennen. Wie sieht eine moderne Gesellschaft aus, die nicht mehr dem Prinzip der immerwährenden Expansion folgt, sondern gutes Leben mit nur einem Fünftel des heutigen Verbrauchs an Material und Energie sichert? Das weiß im Augenblick niemand; einen Masterplan für eine solche Moderne gibt es nicht. Wir brauchen daher Zukunftsbilder, die die Lebensqualität in einer nachhaltigen Moderne vorstellbar machen und mit den Entwürfen einer anderen Mobilität, einer anderen Ernährungskultur, eines anderen Bauens und Wohnens die Veränderung der gegenwärtigen Praxis attraktiv und nicht abschreckend erscheinen lassen.

Deshalb haben wir für die Buchreihe »Entwürfe für eine Welt mit Zukunft« Wissenschaftlerinnen und Wissenschaftler gebeten, konkrete Utopien künftiger Wirtschafts- und Lebenspraktiken zu skizzieren. Konkrete Utopien, das heißt: Szenarien künftiger Wirklichkeiten, die auf der Basis heute vorliegender technischer und sozialer Möglichkeiten herstellbar sind. Erst vor dem Hintergrund solcher Zukunftsbilder lässt sich abwägen, welche Entwicklungsschritte heute sinnvoll sind, um sich in Richtung einer wünschenswerten Zukunft aufzumachen. Anders gesagt: Ohne Zukunftsbilder lässt sich weder eine gestaltende Politik denken noch die Rolle, die die Zivilgesellschaft für eine solche Politik spielt. Wenn Politik und Zivilgesellschaft wie Kaninchen vor der Schlange ausschließlich auf die Bewahrung eines fragiler werdenden Status quo fixiert sind, verlieren sie die Fähigkeit, sich auf ein anderes Ziel zuzubewegen. Sie verbleiben in der schieren Gegenwart, was in einer sich verändernden Welt eine tödliche Haltung ist.

Nach 18 Bänden der ebenfalls im FISCHER Taschenbuch erschienenen Vorgängerreihe, die unter großer öffentlicher Resonanz eine wissenschaftliche Bestandsaufnahme des naturalen Status quo der Erde in den einzelnen Dimensionen von den Ozeanen bis zur Bevölkerungsentwicklung vorgelegt hat, wenden wir nun also den Blick von der Gegenwart in die Zukunft – in der Hoffnung, konkrete Perspektiven für die Gestaltungsmöglichkeiten einer nachhaltigen modernen Gesellschaft aufzuzeigen, Perspektiven, die der Politik wie den Bürgerinnen und Bürgern Mut machen, ihre Handlungsspielräume zu nutzen und Wege zum guten Leben einzuschlagen.

Harald Welzer & Klaus Wiegandt

1.
IMAGINATION

WIR SITZEN IM ZUG ZURÜCK NACH BERLIN.

PLÖTZLICH FALLEN WIR IN EINEN TIEFEN SCHLAF ...

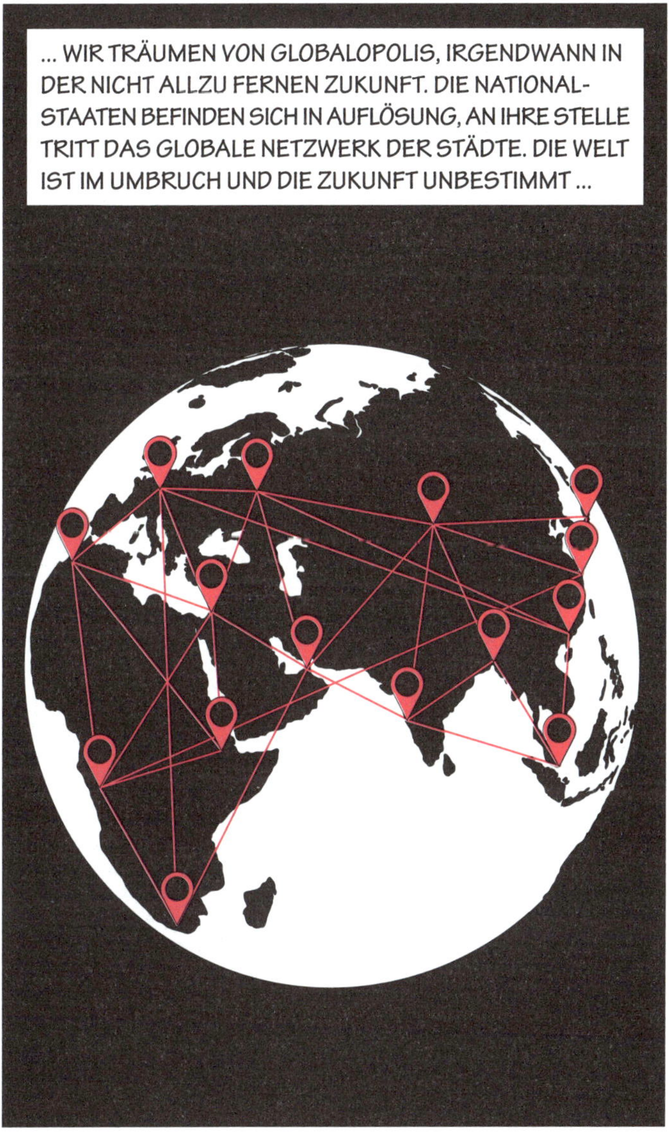
... WIR TRÄUMEN VON GLOBALOPOLIS, IRGENDWANN IN DER NICHT ALLZU FERNEN ZUKUNFT. DIE NATIONAL-STAATEN BEFINDEN SICH IN AUFLÖSUNG, AN IHRE STELLE TRITT DAS GLOBALE NETZWERK DER STÄDTE. DIE WELT IST IM UMBRUCH UND DIE ZUKUNFT UNBESTIMMT ...

EINE DELEGATION DES NETZWERKS IST AUF DEM WEG NACH BERLIN. AN BORD BEFINDEN SICH ...

IVANKA, DIE 89-JÄHRIGE BÜRGERMEISTERIN VON NEW YORK. SIE HAT ZUM SCHUTZ VOR HOCHWASSER EINE RIESIGE MAUER UM DIE STADT GEBAUT.

JAN, DER 134-JÄHRIGE BÜRGERMEISTER VON KOPENHAGEN, EIN WEISER MANN, DER IMMER MIT DEM FAHRRAD FÄHRT UND JEDEN TAG YOGA MACHT.

CHONK CHONK AUS SEOUL. ES IST VERTRETER DER MASCHINENWESEN UND TRITT FÜR UNIVERSELLE LEBENSRECHTE EIN.

AUCH DIE TIERE ENTSENDEN VERTRETER IN DIE DELEGATION, AUCH WENN DEREN DEBATTENBEITRÄGE VON DEN MENSCHLICHEN WESEN MEIST NICHT VERSTANDEN WERDEN.

BERLIN IST SEIT ZWEI JAHREN MITGLIED IM NETZWERK.
DIE ACHT MILLIONEN EINWOHNER LEBEN KLIMANEUTRAL.

GERADE WURDE DIE 16-JÄHRIGE LISA BOWONG ZUR BÜRGERMEISTERIN GELOST. SIE EMPFÄNGT DIE DELEGATION AM LUFTSCHIFFHAFEN TEGEL.

ZUR UMSETZUNG IHRER POLITISCHEN ZIELE BRAUCHT SIE NICHT NUR DIE UNTERSTÜTZUNG DER BERLINER BÜRGER, SONDERN AUCH DIE ZUSTIMMUNG DES STADTNETZWERKS.
OPEN CITY

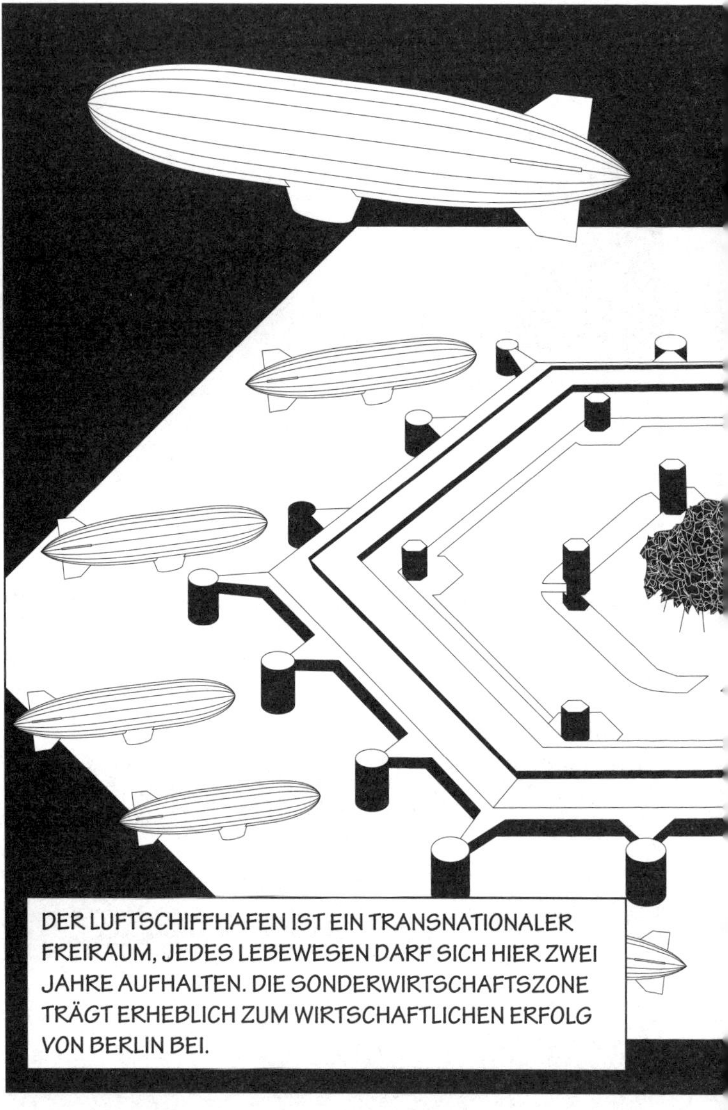
DER LUFTSCHIFFHAFEN IST EIN TRANSNATIONALER FREIRAUM, JEDES LEBEWESEN DARF SICH HIER ZWEI JAHRE AUFHALTEN. DIE SONDERWIRTSCHAFTSZONE TRÄGT ERHEBLICH ZUM WIRTSCHAFTLICHEN ERFOLG VON BERLIN BEI.

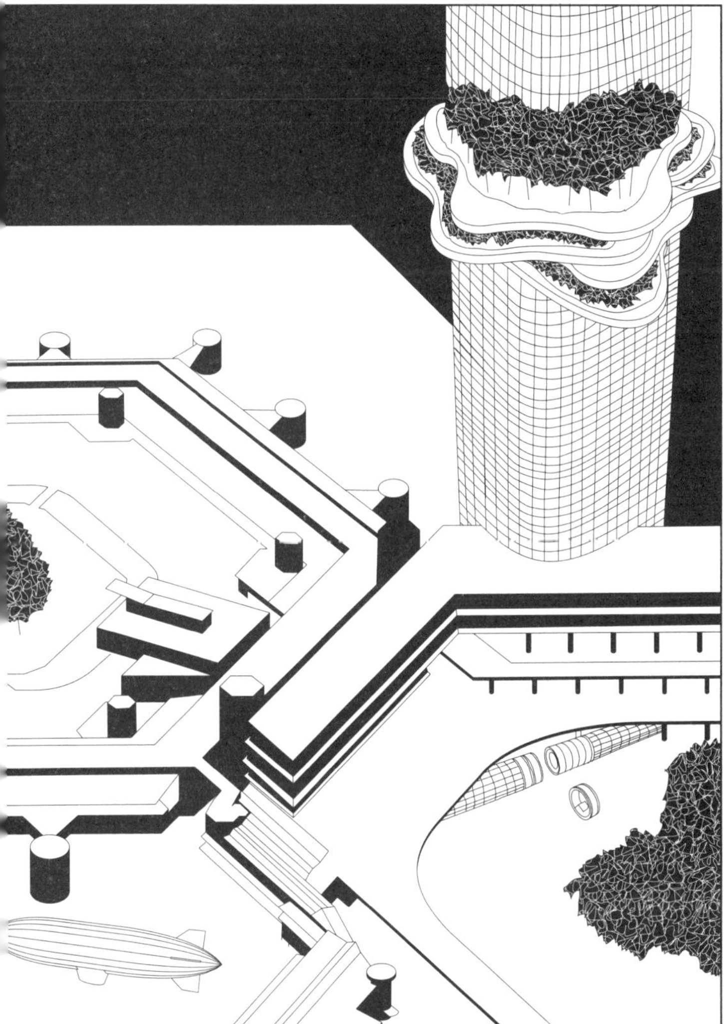

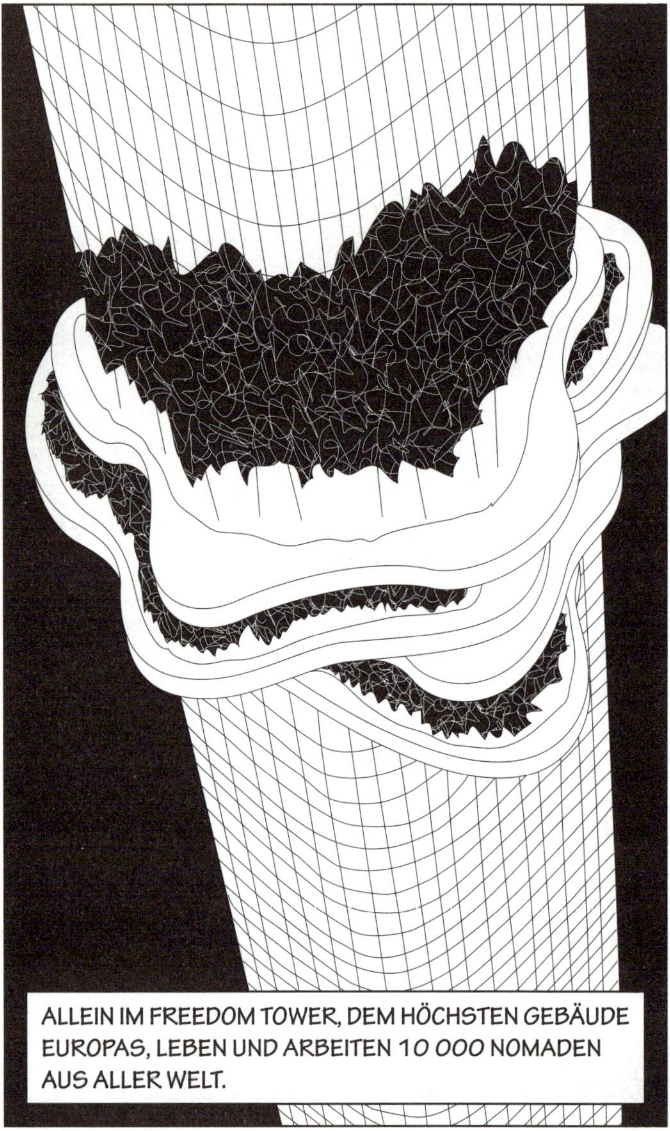
ALLEIN IM FREEDOM TOWER, DEM HÖCHSTEN GEBÄUDE EUROPAS, LEBEN UND ARBEITEN 10 000 NOMADEN AUS ALLER WELT.

LISA FÜHRT DIE DELEGATION DURCH BERLIN UND WILL AN INNOVATIVEN ORTEN IHR POLITISCHES PROGRAMM ERKLÄREN. AM LUFTSCHIFFHAFEN STEIGT DIE DELEGATION IN DIE NEUEN FLYWHEELS.

FLYWHEELS SIND AUTONOM FAHRENDE KAPSELN, DIE SICH BEI BEDARF ZU ZÜGEN ZUSAMMENKOPPELN. DAFÜR LÄSST JAN SOGAR SEIN FAHRRAD STEHEN.

PARK INN
SEIT DER EINFÜHRUNG DER FLYWHEELS GIBT ES KEINE AUTOS MEHR. VIELE STRAßEN WURDEN ZU LINEAREN PARKS UMGEBAUT. BERLIN IST EINE GRÜNE STADT.

IN DEN AUTOBAHNUNTERFÜHRUNGEN BEFINDEN SICH SEITDEM UNTERIRDISCHE FARMEN.

DORT WERDEN PILZE, ALGEN, GEMÜSESPROSSEN UND INSEKTEN GEZÜCHTET.

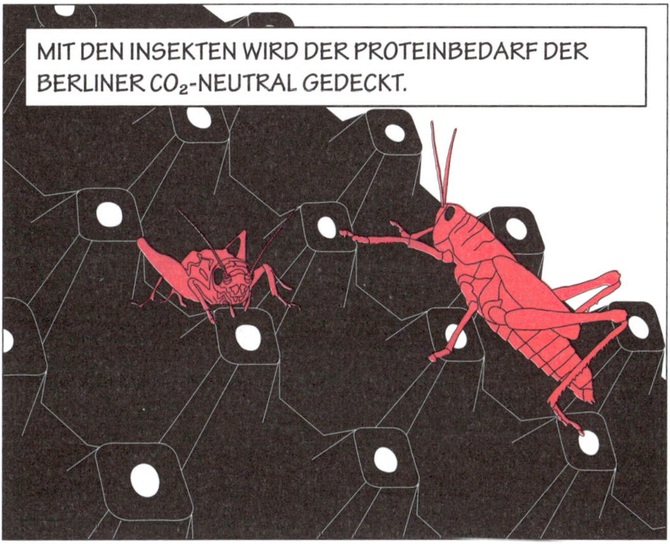
MIT DEN INSEKTEN WIRD DER PROTEINBEDARF DER BERLINER CO_2-NEUTRAL GEDECKT.

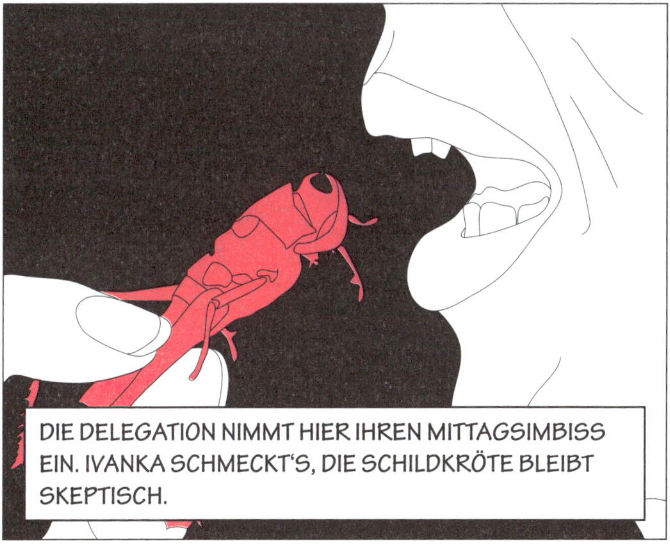
DIE DELEGATION NIMMT HIER IHREN MITTAGSIMBISS EIN. IVANKA SCHMECKT'S, DIE SCHILDKRÖTE BLEIBT SKEPTISCH.

ALS NÄCHSTES GEHT ES ZUM STADTSCHLOSS. MIT EINTRITT IN DAS NETZWERK HAT BERLIN ALLE AUS ANDEREN LÄNDERN GERAUBTEN KUNSTSCHÄTZE ZURÜCKGEGEBEN. IM SCHLOSS BEFINDET SICH JETZT EIN FORSCHUNGSZENTRUM, IN DEM ZUKUNFTSTECH-NOLOGIEN ERFUNDEN WERDEN.

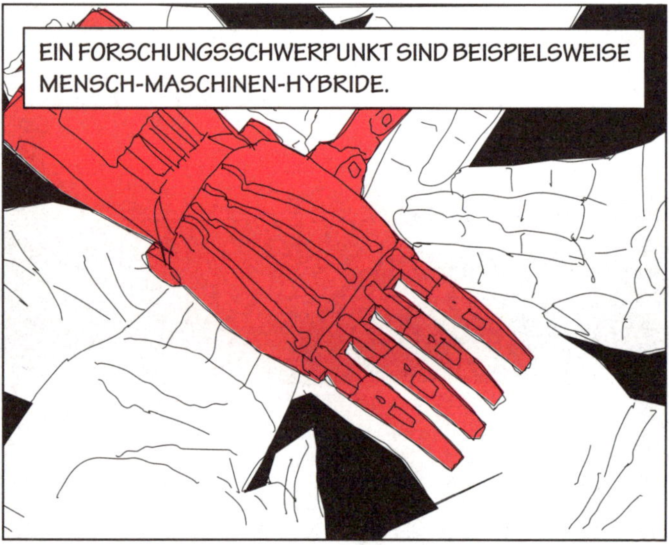
EIN FORSCHUNGSSCHWERPUNKT SIND BEISPIELSWEISE MENSCH-MASCHINEN-HYBRIDE.

CHONK CHONK IST BEGEISTERT.

EIN ANDERER FORSCHUNGSSCHWERPUNKT SIND KOMPLEXE SYSTEME. SO WIRD ZUM BEISPIEL UNTERSUCHT, WIE SPINNEN RÄUMLICHE UND SOZIALE NETZE GESTALTEN.

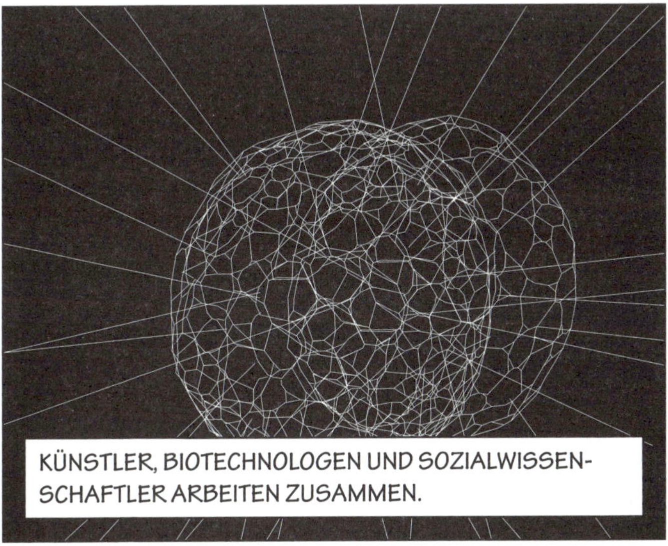
KÜNSTLER, BIOTECHNOLOGEN UND SOZIALWISSENSCHAFTLER ARBEITEN ZUSAMMEN.

FÜR DIE VIELEN KREATIVEN FORSCHER SIND IM STADTZENTRUM NEUE HOCHHÄUSER ENTSTANDEN. DIE GRÜNEN FASSADEN REINIGEN DIE LUFT, ERZEUGEN ENERGIE UND SEHEN GUT AUS.

LISAS LIEBLINGSORT IST DER TEMPELHOFER WALD.
HIER LEBEN AUSSTEIGER, KÜNSTLER UND KREATIVE.

IN DIESEM BAUMHAUS IST LISA GROß GEWORDEN.
MITTEN IN DER NATUR UND DOCH IN DER STADT.

DER TEMPELHOFER WALD IST WICHTIG FÜR BERLIN,
WEIL HIER NEUE LEBENSFORMEN ERPROBT WERDEN.

ZUM ABSCHLUSS FÜHRT LISA DIE DELEGATION ZUM BRANDENBURGER TOR, DEM SYMBOL FÜR FREIHEIT. HIER PRÄSENTIERT SIE IHR POLITISCHES PROGRAMM: BERLIN SOLL EINE OFFENE STADT WERDEN, HEIMAT FÜR JEDEN, OHNE GRENZEN.
FREIHEIT IST IMMER AUCH DIE FREIHEIT DER ANDEREN.

BERLIN
=
OPEN CITY

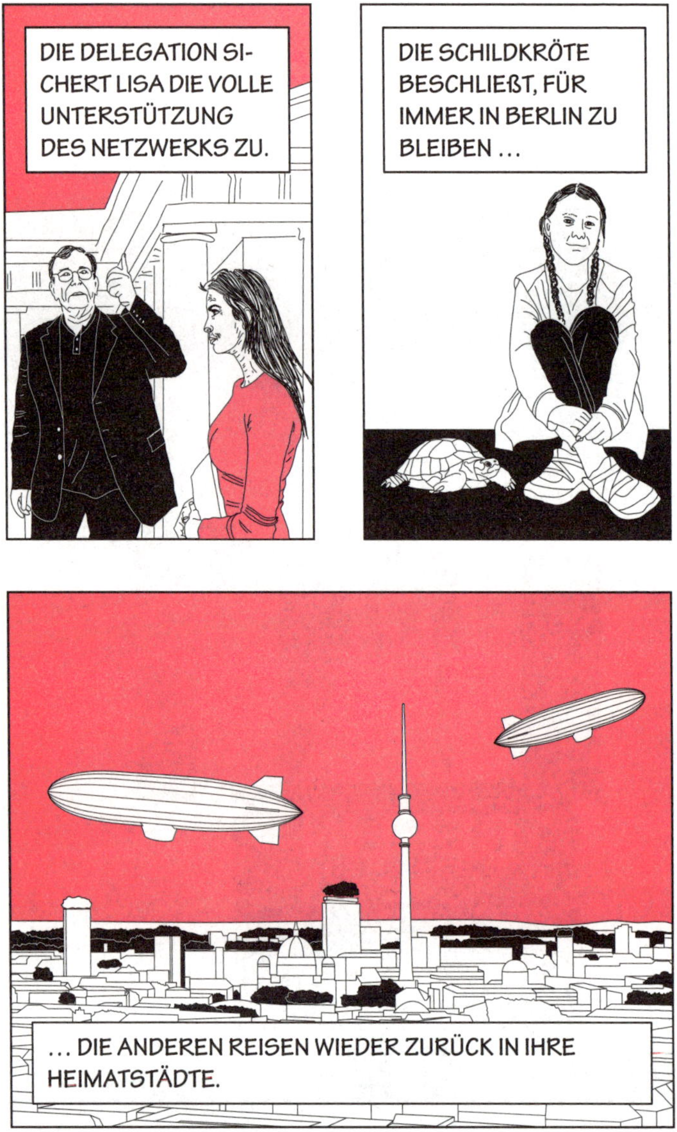
DIE DELEGATION SICHERT LISA DIE VOLLE UNTERSTÜTZUNG DES NETZWERKS ZU.
DIE SCHILDKRÖTE BESCHLIEẞT, FÜR IMMER IN BERLIN ZU BLEIBEN …
… DIE ANDEREN REISEN WIEDER ZURÜCK IN IHRE HEIMATSTÄDTE.

DER SCHAFFNER REIẞT UNS AUS DEM SCHLAF.

WIR HATTEN TATSÄCHLICH DEN GLEICHEN TRAUM UND STELLEN FEST: EIGENTLICH IST ALLES GANZ EINFACH ...

× TRÄUMEN
× AUSPROBIEREN
× NICHT ENTMUTIGEN LASSEN
... MAN MUSS ES NUR VERSUCHEN UND AM BESTEN GLEICH DAMIT BEGINNEN!

2.
STADT

Wie über die Zukunft der Stadt nachdenken?

Stadt steht für Freiheit, Wohlstand, Wachstum und ist der Ursprungsort von Demokratie. Deshalb ist die Stadt Anziehungspunkt für viele Menschen. Zur Stadt gehören aber auch Kolonialisierung, Naturzerstörung und Ausbeutung. Die Stadt der Zukunft muss dieses Erbe überwinden, um Motor einer zukunftsfähigen Gesellschaft zu sein.

Warum müssen wir über die Zukunft von Stadt nachdenken? Weil immer mehr Menschen in Städten leben und die Welt zunehmend verstädtert. Schon heute lebt weit über die Hälfte der Menschheit in Städten, Tendenz steigend. Und in den reichen westlichen Ländern ist der Urbanisierungsgrad bereits wesentlich höher: In Deutschland leben zum Beispiel 75 Prozent der Menschen in Städten.

Es ist also eine Zukunft vorstellbar, in der alle oder fast alle Menschen in Städten leben. Die Herausforderung besteht dabei nicht in der Frage, *warum* die Welt verstädtert, sondern *wie* sie verstädtert. Die Frage nach dem *Wie* ist eine der zentralen Stellschrauben für die Zukunftsgestaltung.

Gestaltung

Wie aber gestaltet man eine bessere Stadt? Was sind die relevanten Kriterien? Welche Chancen und Perspektiven gibt es, wie stellen wir uns ein glückliches, erfolgreiches oder gelungenes Leben in der Stadt vor? Die Möglichkeiten, die uns zur Verfügung stehen, hängen von vielen Faktoren ab. Je nachdem, aus welcher Denktradition heraus wir die Wirklichkeit beschreiben und interpretieren, stehen andere Faktoren im Fokus: für Juristen zum Beispiel die politische Verfasstheit, für Volkswirtschaftler die ökonomische Ordnung, für Umweltwissenschaftler die ökologischen Rahmenbedingungen, für Kulturwissenschaftler der kulturelle Kontext – um nur eine Auswahl möglicher disziplinärer Perspektiven zu nennen.

Dieses Buch – geschrieben (und gezeichnet) von einem Architekten und einem Stadtplaner – beschreibt mögliche Ansätze zur Verbesserung von Stadt aus der Perspektive der gestalterischen Disziplinen. Unsere Annahme ist, dass der Raum und die Dinge, die uns umgeben, einen wesentlichen Einfluss auf unser Verhältnis zur Welt, auf unsere Lebenschancen und -perspektiven haben. Der Grund für diese Annahme ist, dass der Raum, in dem wir uns befinden, und die Gegenstände, mit denen wir uns und den Raum ausstatten, ganz wesentlich dazu beitragen, wie wir uns zueinander verhalten. Sie sind also in grundlegendem Sinne politisch und gesellschaftlich wirksam. Während eine Verfassung das menschliche Miteinander auf abstrakter Ebene organisiert, ordnet die Lebenswelt das menschliche Miteinander ganz unmittelbar. Wenn immer mehr Menschen in Städten wohnen, lautet die Kernfrage, welche Formen von Zusammenleben die Stadt der Zukunft zulässt oder ermöglicht. Also: Wie gestalten wir Stadt so, dass wir in ihr sinnvoll, friedlich und glücklich zusammenleben?

Überall auf der Welt ziehen Menschen in Städte, weil sie hoffen, in der Stadt ihr Glück zu finden, zu Wohlstand zu kommen, ihre Existenz zu sichern oder zumindest ihre Überlebenschancen zu verbessern. Gleichzeitig erleben viele Menschen Stadt als etwas Bedrohliches, Gefährliches. Stadt, wie sie heute gebaut, organisiert und gelebt wird, verursacht viele soziale Konflikte. Sie ist – noch nicht – der optimale Lebensraum für Menschen.

Neben der sozialen Dimension ist für die Zukunft der Menschheit aber auch die ökologische Perspektive auf Stadt von zentraler Bedeutung. Heute werden in Städten etwa 75 Prozent der global erzeugten Energie verbraucht und rund 80 Prozent der CO_2-Emissionen ausgestoßen. Stadt ist also auch ein Ort, an dem große ökologische Probleme verursacht werden. Somit stellt sich die Frage, wie Stadt so gestaltet werden kann, dass sie klimaneutral ist, in ihr kein Müll produziert und keine Ressourcen verschwendet werden. Viele interessante Konzepte und Pilotprojekte versuchen das herauszufinden, zum Beispiel indem sie energiesparende Architektur entwickeln und neue Mobilitätssysteme erproben. Wir werden einige von ihnen in diesem Buch vorstellen.

Doch auch wenn solche Ansätze wichtig sind, sind wir der Überzeugung, dass technische Optimierungen von Stadt zu kurz greifen. Wir vertreten eine These, die an einem viel grundsätzlicheren Punkt ansetzt. Die These besagt, dass das räumliche, soziale und kulturelle Konstrukt »Stadt« selbst der Ursprung und Verursacher einer Vielzahl der Probleme ist, vor denen wir heute stehen. Wenn die Gestaltung von Stadt diese Probleme lösen soll, müssen wir nicht das bestehende Konstrukt technisch optimieren, sondern die Funktionsweisen

Verstädterung weltweit

Anteil der Stadtbevölkerung an der Weltbevölkerung

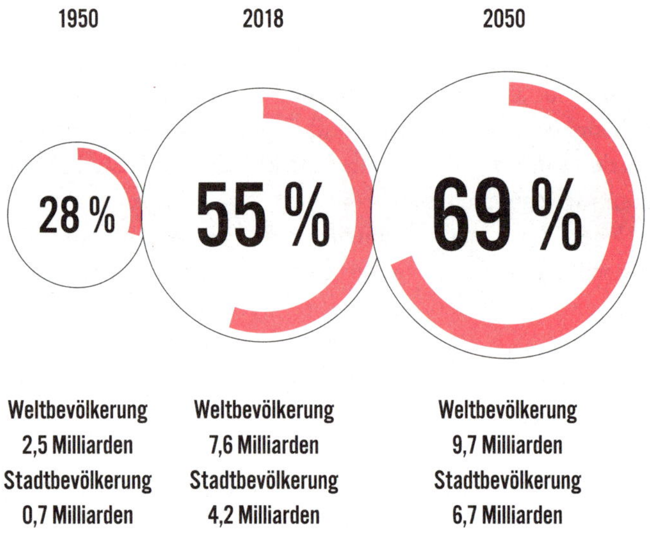

Stadtbevölkerung weltweit

Verteilung der weltweiten Stadtbevölkerung 2018 auf Städte mit:

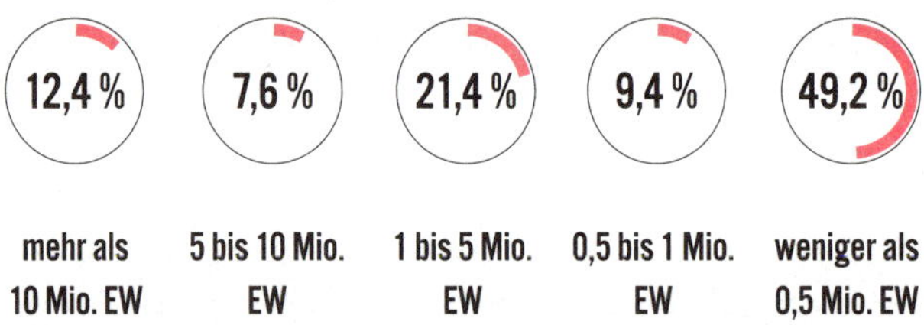

Verstädterung nach Kontinenten

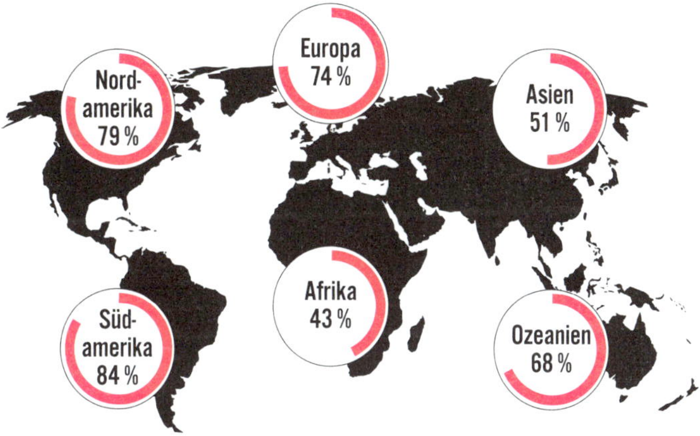

Anteil der Stadtbevölkerung an der Gesamtbevölkerung 2018

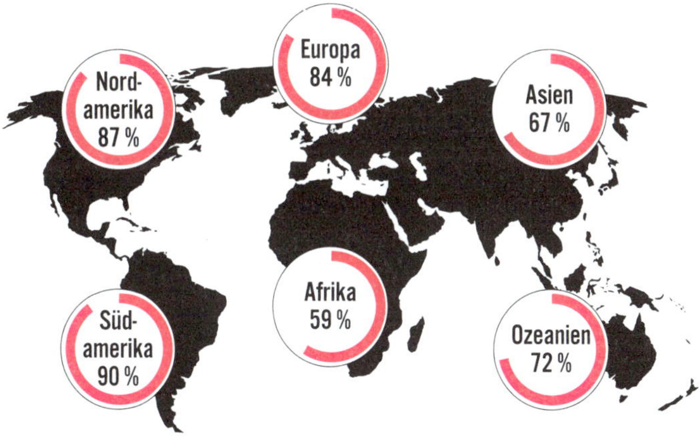

Anteil der Stadtbevölkerung an der Gesamtbevölkerung 2050

Weltbevölkerung

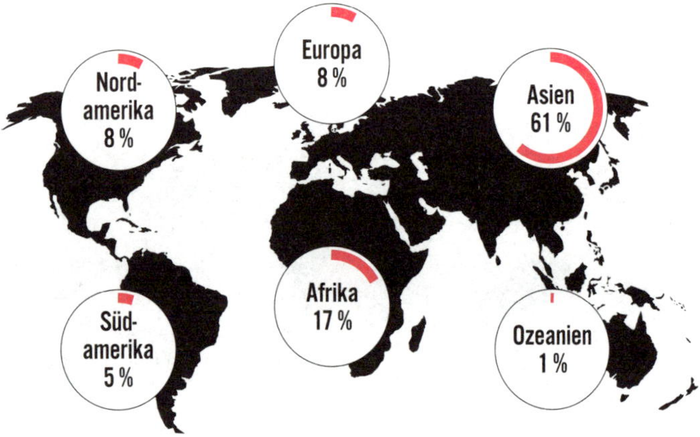

Anteil der Bevölkerung der Kontinente an der Weltbevölkerung 2018

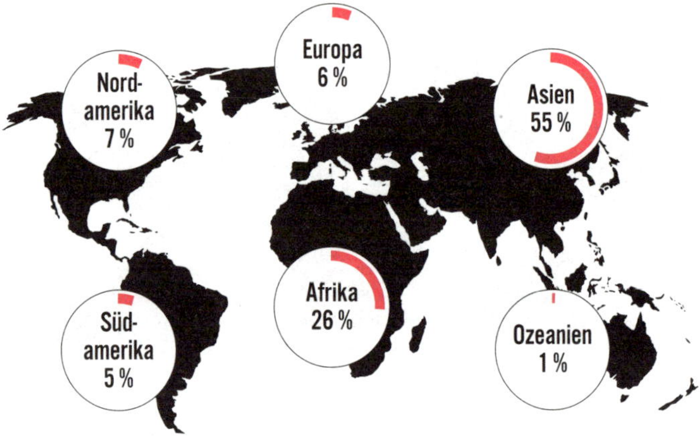

Anteil der Bevölkerung der Kontinente an der Weltbevölkerung 2050

und das Selbstverständnis von Stadt grundlegend in Frage stellen. Erst dann können wir Handlungsfelder identifizieren, damit wir schon heute an einer besseren Stadt für morgen arbeiten können.

Identität

Folgt man gängigen neoliberalen Modellen, so stehen Städte miteinander in Konkurrenz. Sie werben um die besten Arbeitskräfte und um solvente Investoren. Sie müssen, laut Entwicklungsnarrativ, immer attraktiver für eine zahlungskräftige Klientel werden. Dies erreichen sie, indem sie zum Beispiel Bauland für Großunternehmen billig zur Verfügung stellen, niedrige Steuersätze und geringe Umweltauflagen festlegen oder indem sie eine interessante Markenidentität entwickeln. Eine solche Identität setzt sich zusammen aus kulturellem Angebot (zum Beispiel Kunstgalerien, Museen, Theater-, Konzert- und Opernhäusern oder außergewöhnlicher Architektur), alltäglicher Lebensqualität (Sportmöglichkeiten, Grün-, Frei- und Wasserflächen, Bars, Clubs und Restaurants) und Zugang zu guten Bildungsmöglichkeiten (Kindergärten, Schulen, Universitäten).

Diese Strategie mag für eine auf Wachstum und ökonomische Wertsteigerung ausgelegte Stadtentwicklungspolitik erfolgsversprechend sein – aber nur für Städte, die seit dem explosiven Stadtwachstum Ende des 19. Jahrhunderts hochentwickelt sind, sich derartige Angebote, Infrastrukturen und Investitionen leisten können und über eine entsprechend liquide Bewohnerschaft verfügen. Also: Wenn man sich über die Zukunft der Städte in den reichen, westlichen Ländern Gedanken macht, sind solche Strategien erstrebenswert, die

Lebenswerte Städte

Die 25 lebenswertesten Städte 2018 (Monocle Magazin)

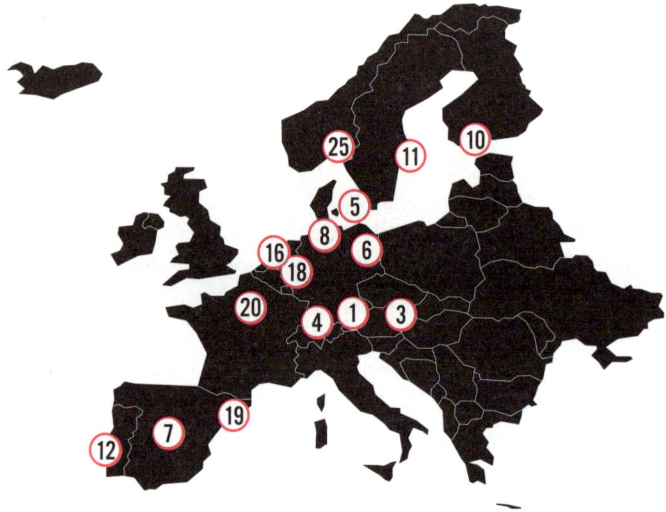

1. München
2. Tokio
3. Wien
4. Zürich
5. Kopenhagen
6. Berlin
7. Madrid
8. Hamburg
9. Melbourne
10. Helsinki
11. Stockholm
12. Lissabon
13. Sydney
14. Hongkong
15. Vancouver
16. Amsterdam
17. Kyoto
18. Düsseldorf
19. Barcelona
20. Paris
21. Singapur
22. Fukuoka
23. Auckland
24. Brisbane
25. Oslo

die Lebensqualität erhöhen und gleichzeitig zur Anpassung an und Vermeidung von Klimawandel beitragen. Aber diese Strategien lassen sich nicht so einfach auf die Millionenstädte in den ärmeren Regionen der Welt übertragen. Wenn wir über eine nachhaltige Zukunft im globalen Kontext nachdenken wollen, geht es um etwas anderes als um das ökologische Sahnehäubchen auf einer bereits bestehenden und gut funktionierenden technischen und sozialen Infrastruktur. Wenn wir über Identität von Stadt im globalen Kontext nachdenken wollen, müssen wir grundlegender ansetzen.

Schauen wir dazu in die Entstehungsgeschichte von Stadt. Vor 10-15 000 Jahren begannen nomadisch lebende Jäger und Sammler sesshaft zu werden, um gezielt Lebensmittel anzubauen. Sie bewirtschafteten ihr Land so intensiv, dass sie bald nicht mehr ihre gesamte Arbeitskraft dazu aufwenden mussten, Nahrung zu finden. Und sie hatten sogar so viele Nahrungsmittel, dass mehr Menschen großgezogen werden konnten als starben. Die Bevölkerung wuchs, die bestehenden Siedlungen wurden zu klein, sie schlossen sich zu Dörfern zusammen, und erste Städte entstanden, in denen die Menschen dicht an dicht wohnten. Menschen, die sich vorher nicht kannten, trafen aufeinander. Austausch und Arbeitsteilung beflügelten die Entwicklung, Kunst und Handwerk blühten auf. Die entstandenen Städte vernetzten sich untereinander. Es formierte sich das, was wir heute »Zivilisation« nennen. Das urbane Phänomen »Zivilisation« umfasst nicht nur wirtschaftliches Wachstum, technische Innovationen und die Herausbildung einer Kultur mit spezifischen Vorstellungen über Religion und Kunst, sondern auch das, was wir heute Politik nennen – ein Begriff, der vom griechischen Wort für Stadt, »polis«, abstammt. Menschen im alten Griechenland dachten darüber nach, wie sie das Leben auf engstem Raum am besten organisieren konnten, und so wurde schließlich die Idee der Demokratie geboren. Stadt steht für Freiheit – wie der aus dem Mittelalter stammende Satz »Stadtluft macht frei« noch immer verspricht.

Doch Stadt, und auch das zählt zu ihrer Identität, war keineswegs immer ein friedlicher Raum. Stadt war – und ist – ein expansiver Raum. Bei aller kulturellen Pracht, die Städte entfalten, bei aller Energie und Innovation, die von Städten ausgehen – Städte waren immer darauf angewiesen, dass ihnen von außen Energie, Nahrungsmittel und Menschen zuströmten. Man kann sich Städte in allen Zeiten und Kulturen ansehen – die aztekischen Städtebünde, Babylon, das in Vorderasien Kolonien gründete, Athen, das den ganzen Mittelmeerraum dominierte, das alte Rom, das von einer Stadt aus ein Weltreich begründete, oder die italienischen Städte der Renaissance, von Städten gehen immer auch Herrschaftsansprüche, Kriege und Kolonialisierung aus. Es ist ihr Quellcode, Teil der Identität von Stadt.

Wenn wir also heute über die Zukunft der Stadt nachdenken und dabei ihre Identität ins Zentrum stellen, gilt es, den Quellcode von Stadt zu überwinden. Es soll nicht länger um Konkurrenz gehen, sondern um Kooperation, es geht nicht um Expansion, sondern um Vernetzung, nicht um Ausbeutung der umgebenden Umwelt (was in Zeiten der Globalisierung ja immer die ganze Welt ist), sondern um Ausgleich. Es soll nicht länger um Eroberung und Kolonialisierung gehen, sondern um friedliche, produktive und offene Koexistenz von Unterschiedlichem.

Kooperation, Vernetzung und Koexistenz setzen allerdings eines voraus: Offenheit. Offenheit für das, was uns nicht vertraut ist, was sich unserem Denken entzieht, was jenseits unserer Vorstellungskraft liegt. Deshalb werden uns bei der folgenden Auseinandersetzung mit eher klassischen Kategorien der Stadtentwicklung – Dichte, Infrastruktur, Grünraumplanung, Sicherheit etc. – einige grundlegende Fragen begleiten: Was für ein Bild vom Menschen haben wir? In welcher Beziehung steht der Mensch zu seiner Umwelt – ist der Mensch Teil von ihr oder ein Gegenüber? Was für eine Vorstellung von Welt haben wir? Ist sie vielfältig, ein Pluriversum, oder ein Universum, eine Ganzheit, die sich den gleichen Gesetzen unterwirft? Und wie gehen wir mit dem um, was sich unserem Denken und unserer Vorstellungskraft entzieht? Die Antworten auf diese Fragen prägen die Identität von Stadt. Für die Zukunft von Stadt, die wir uns vorstellen, ist eine Kultur der Offenheit Voraussetzung.

Globalopolis

Wir stellen uns die Stadt der Zukunft als Globalopolis vor, als eine weltumspannende, vernetzte und hochverdichtete, in sich aber vielfältige, also pluriversale Siedlungsstruktur.

Diese Stadt der Zukunft entspricht nicht dem Bild unserer Erde, das wir aus dem Schulatlas kennen. Dort wird die Erde als Kugel gezeigt, die vor allem von Wasser bedeckt ist. Dazwischen liegen die Kontinente, die aus Wüsten, Gebirgen und Wäldern bestehen. Und hier und da eingestreut liegen die Städte, kaum sichtbare Punkte in einem weiten, freien Raum. Dieses Bild der Erde entspricht vielleicht der Welt des Mittelalters oder der frühen Neuzeit, aber nicht der Zukunft – und in vielen Bereichen auch nicht der Gegenwart. Zoomt man etwa in eine Metropolregion, stellt sich ein anderes Bild dar. Dort ist die Erdoberfläche ein dichter Siedlungsteppich, in den einzelne, relativ kleine land- und forstwirtschaftliche

Anthropozän

Anteil der eisfreien Erdoberfläche, die vom Menschen modifiziert wurde.

Bevölkerungsdichte

Verteilung der Bevölkerung auf der Erde

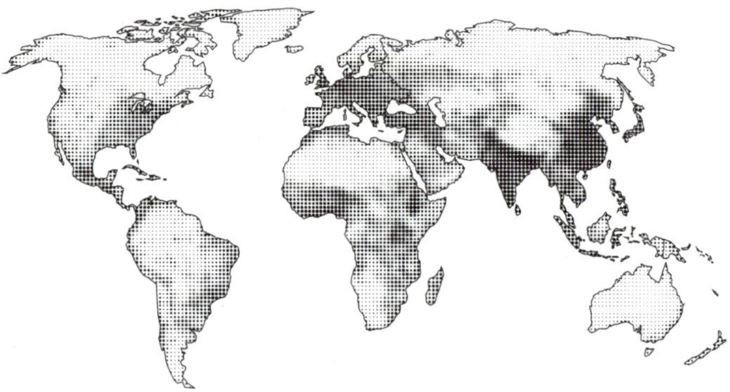

Geringe Bevölkerungsdichte (< 10 Einwohner pro Quadratkilometer)
Hohe Bevölkerungsdichte (> 500 Einwohner pro Quadratkilometer)

Bevölkerungsdichte

Benötigte Fläche für 7,6 Milliarden Menschen mit der Bevölkerungsdichte des Ruhrgebietes

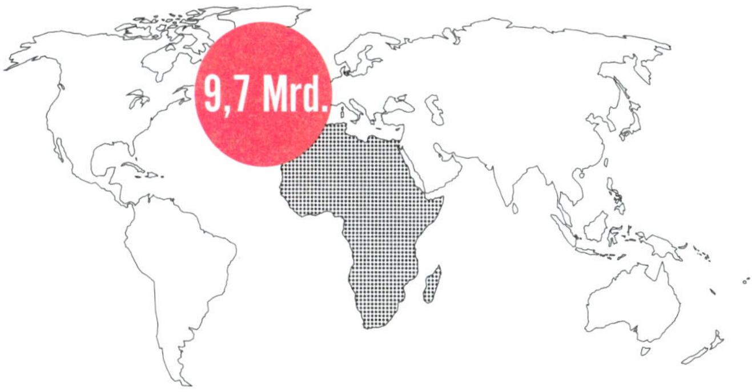

Benötigte Fläche für 9,7 Milliarden Menschen mit der Bevölkerungsdichte von Deutschland

Flächen eingesprenkelt sind. Die gesamte Oberfläche ist vom Menschen und seiner urbanen Siedlungsstruktur überformt. Auch die auf den ersten Blick freien Räume sind durch Verkehrstrassen zerschnitten, die die unterschiedlichen Siedlungskerne miteinander verknüpfen. Diese Struktur, so unsere Vorstellung, wird sich weiter ausdehnen, immer mehr Bereiche der Erdoberfläche bedecken, irgendwann nicht nur die Kontinente, sondern auch die Wasserflächen, so dass ein weltumspannendes Siedlungsnetz entsteht.

Sie werden sich jetzt vielleicht fragen, ob eine solche globale Stadt eine Utopie ist oder eine Dystopie, Beschreibung einer wünschenswerten Zukunft oder Schreckensszenario. Die Antwort ist einfach und deshalb kompliziert: Sie ist weder das eine noch das andere, sondern einfach eine Wahrscheinlichkeit. Vielleicht etwas überspitzt, aber vor dem Hintergrund der globalen Bevölkerungsentwicklung ist ein Anwachsen und perspektivisch auch ein Zusammenwachsen der Städte unvermeidlich. In China lässt sich dies bereits eindrucksvoll beobachten.

Wir verwenden den Begriff Globalopolis aber noch aus einem anderen Grund. Und dieser Aspekt hat ein utopisches Moment, das womöglich wesentlich unwahrscheinlicher ist als das rein physische Zusammenwachsen der Städte. Denn der Begriff Globalopolis meint nicht nur, dass ein urbanes Netzwerk den ganzen Globus überzieht, sondern auch, dass diese weltumspannende Siedlungsstruktur die politische Organisationseinheit sein soll. Bestehende Organisationsformen wie der Territorialstaat werden durch sie überflüssig. Wenn wir an die Stadt der Zukunft denken, denken wir also nicht nur an die bauliche Masse, nicht nur an die Verteilung von Grün- und Freiflächen oder an neue, umweltfreundliche Mobilitätssysteme, sondern wir stellen uns die Stadt auch als zentrale politische Institution vor, die demokratisch ihre eigenen Geschicke in die Hand nimmt.

Diese Globalopolis, so unsere Wunschvorstellung, ist – möglichst – herrschaftsfrei. Sie vertraut ihren Bewohnern, dass sie Konflikte untereinander aushandeln und gemeinsam die richtigen Entscheidungen treffen. Sie versucht, ein Raum zu sein, in dem Gleichheit von allen alltäglich gelebt und weiterentwickelt werden kann. Und sie klammert sich nicht an erstarrte Rituale, sondern entwickelt immer neue, der jeweiligen Situation angemessene Aushandlungsverfahren, die auch diejenigen einbeziehen, die, wie zum Beispiel Tiere, keine eigene Stimme haben. Und das ist aus unserer Sicht keine Dystopie, sondern eine wünschenswerte Zukunft.

Eine mögliche – und in unserem Fall namensgebende – Referenz für eine solche Stadt der Zukunft ist die griechische »polis«. Im antiken Griechenland waren Stadt und Staat unter dem Begriff »polis« vereint. Die Stadt war – vereinfacht ausgedrückt – das zentrale gesellschaftliche Organisationsmodell der Gesellschaft. Auch im europäischen Mittelalter und in der Renaissance war die Stadt eine wichtige Organisationseinheit; Städte organisierten sich, wie die Hansestädte, in überregionalen Netzwerken, um Waren zu tauschen, gemeinsam ihre Interessen zu vertreten und Sicherheit herzustellen.

Doch von der Stadt als Gegenentwurf zum territorialen Nationalstaat sind wir heute weit entfernt. Zwar gibt es supranationale politische Strukturen – wie die UNO –, doch letztlich sind sie nicht mit genügend Entscheidungskompetenz ausgestattet, um die globalen Probleme zu lösen. Die Nationalstaaten – eine historisch relativ junge Organisationsform – können aufgrund ihrer territorialen Begrenzung viele globale Probleme nicht lösen. Andererseits können sie auch viele lokale Probleme nicht lösen – denn dafür sind sie zu groß. Kurzum: Territoriale Nationalstaaten sind gleichzeitig zu groß und zu klein. Das Ergebnis: Die Welt schlingert mit ungelösten globalen und lokalen Problemen vor sich hin.

Neben diesen organisatorischen Mängeln setzt aber auch ein kultureller Wandel der historischen Idee der Nation und dem damit verbundenen Nationalstaat ein Ende. Migration, hybride kulturelle Identität und alltäglicher Kosmopolitismus weisen darauf hin, dass die in der Neuzeit konstruierte Idee von Nationalität inzwischen wieder veraltet ist.

Stadt

Ganz anders die Idee von Stadt. Sie bietet – anders als die Idee der Nation und trotz des oben beschriebenen kolonialistischen Quellcodes – offene Vergemeinschaftungsformen und Identifikationsmöglichkeiten an. Städte sind dynamische und kreative Orte, an denen Lösungen entwickelt werden. Und das nicht nur auf politisch-administrativer Ebene, sondern auch auf der zivilgesellschaftlichen, also durch Bürgerinitiativen, Graswurzelbewegungen oder Bottom-up organisierte Projekte. Diese urbane Kompetenz ist von großem Wert, um unsere Gesellschaft zukunftsfähig zu gestalten.

Natürlich haben unterschiedliche Städte unterschiedliche Probleme. Metropolen oder Großstädte, die im globalen Standortwettbewerb stehen, müssen andere Herausforderungen bewältigen als Klein- und Mittelstädte oder ländliche Regionen. Besonders deutlich wird dies bei den Themen Verkehr, Migration, Klimawandel oder Resilienz. Inzwischen haben sich einige Städte in internationalen Netzwerken zusammengeschlossen, um diese Probleme gemeinsam anzugehen und die Nationalstaaten zum Umdenken zu bewegen. Im Netzwerk **C40**, in dem über 80 Städte aktiv sind, oder im **Konvent der Bürgermeister** fordern sie gemeinsam die Nationalstaaten dazu auf, die Klimaabkommen umzusetzen. Im Netzwerk **Solidarity Cities** haben sich 14 europäische Städte zusammengeschlossen, um bei der Aufnahme und Integration von Geflüchteten mehr Mitsprache zu erlangen und Erfahrungen auszutauschen. Die Globalopolis, wie wir sie uns vorstellen, ist ein System von urbanen Netzwerken, das die bisherige nationalstaatliche Ordnung abgelöst hat. Die Globalopolis ist keine in sich geschlossene Entität, sondern ein Netzwerk, in dem unterschiedliche Typen von Agglomerationen gemeinsame Strategien verfolgen und Erfahrungen und Kompetenzen teilen.

In der Geschichte der Stadtentwicklung sind verschiedene Stadttypen entstanden; so zum Beispiel die europäische, auf geschlossenen Häuserblocks beruhende Stadt, die amerikanische Downtown, das sowjetische Rayon, die arabische Kasbah und das chinesische Hutong, um nur einige zu nennen. Im Zuge der Kolonialisierung hat sich der Stadttypus Europäische Stadt weltweit verbreitet, nach dem Zweiten Weltkrieg, je nach Region, das amerikanische oder das sowjetische Modell. Heute gilt es, für die unterschiedlichen Dichte- und Größenanforderungen neue Typen zu erfinden, die auf das Bestehende aufsatteln, also die lokale Identität nicht zerstören, und auch die regionalen Gegebenheiten, wie klimatische oder seismische Voraussetzungen, berücksichtigen. Dies gilt auch für die neuen hochtechnisierten Städte, die vor allem in Asien, aber auch im arabischen Raum gegründet werden. Die Auseinandersetzung mit den Typen betrifft nicht nur die städtebauliche Struktur, sondern auch die Architektur, die Grundrisse und die Materialien. Denn die derzeit dominante Verwendung von Beton und Stahlbeton ist energieintensiv, produziert CO_2 und führt schon heute zu Ressourcenverknappung. Durchschnittlich wird pro Erdbewohner im Jahr ein Kubikmeter Beton hergestellt – wofür enorme Mengen an Energie aufgewendet werden. Die Betonherstellung verursacht circa fünf Prozent der weltweiten CO_2-Emissionen. Außerdem werden ganze Strände und Inseln für die Sandgewinnung abgetragen. Dieser Umgang mit Ressourcen ist nicht zukunftsfähig. Die Globalopolis der Zukunft wird – auch weil sie als weltumspannende Stadt ohne Umwelt kein ausbeuterisches Verhältnis zu ihrer Umwelt etablieren kann – als materieller Kreislauf organisiert sein.

Zukunftsvision

Globalopolis ist eine Stadtvision – aber sie ist auch eine Gesellschaftsvision. Die Globalopolis vereint verschiedene historische und zukünftige Stadttypen – und integriert dabei unterschiedliche Lebensvorstellungen.

Wir stellen uns also eine Zukunft vor, in der ein Netz von sehr unterschiedlichen Städten die ganze Erde bedecken wird. Wir gehen davon aus, dass Globalopolis die bisherigen, staatlichen Organisationsformen ablösen wird. In einer Welt ohne Nationen, so glauben wir, spielt Nationalismus keine Rolle mehr. In dieser Welt, so unsere Hoffnung, wird jede und jeder seine Diversität – sei sie ethnisch, kulturell, religiös oder die geschlechtliche und sexuelle Identität und Orientierung betreffend – zulassen, anerkennen und ausleben können.

Wie diese Globalopolis politisch konstituiert und räumlich manifest wird, ist noch offen. Viele Fragen sind damit verbunden. Dabei geht es nicht nur darum, welche Regierungs- und Organisationsform Globalopolis haben wird, sondern auch um Energie, Ernährung und Ressourcenmanagement. Um Wirtschaftsform, Naturverständnis und Menschenbild. Um Ästhetik und Lebensstil. Deshalb sind ganz verschiedene Formen von Globalopolis vorstellbar. Eine aus der Logik des gegenwärtigen Kapitalismus entspringende Globalopolis wird ein zerstörerischer Moloch sein. Doch wir erlauben uns, optimistischer zu sein. Wir glauben, dass die Globalopolis, die, ob wir wollen oder nicht, unsere Zukunft ist, eine spannende Entwicklungsperspektive hat. Für eine Welt, die lebenswert ist. Wie diese globale, die Erde umspannende Stadt aussehen wird und wie wir in ihr leben können, haben wir in der Hand. Und wie wir unsere Städte im Hier und Heute gestalten, hat darauf einen großen Einfluss.

Methode

In diesem Buch wollen wir deshalb über die zukünftige Globalopolis nachdenken – und wie wir im Heute unsere Städte so weiterentwickeln können, dass sie eine lebenswerte Zukunft ermöglichen.

Eines der Schlagwörter der letzten Jahre war »disruptive Entwicklung«. Entwicklung, so die Annahme, erfolgt sprunghaft und ist deshalb unvorhersehbar. Das macht zum einen jede Zukunftsplanung obsolet, zum anderen ermöglicht es aber auch Freiheit für spekulatives Denken – denn wenn Entwicklung disruptiv ist, kann auch das, was heute unmöglich erscheint, bald möglich oder gar selbstverständlich sein.

Doch so faszinierend es sein mag, sich die zukünftigen disruptiven Entwicklungen vorzustellen – man kann über sie nur spekulieren. Für das Agieren im Hier und Jetzt ist ein transformativer Denkansatz zielführender. Wir gehen dabei erstens davon aus, dass sich in jeder Gegenwart Fragestellungen, Fehlstellen oder Problemlagen identifizieren lassen, die auch für die Zukunft der betrachteten Gesellschaft relevant sind. Und wir gehen zweitens davon aus, dass diese Fehlstellen in der jeweiligen Gegenwart zwar nicht immer komplett behoben, aber doch zumindest bearbeitet werden können. Problemlösungen auf spekulative disruptive Entwicklungen in der Zukunft zu verschieben (im Sinne von »Kernfusion wird unser Energieproblem lösen«) halten wir für unseriös; schlimmer noch: Dieses Denken stabilisiert die Problemlage, indem es den Handlungsdruck negiert. Aus diesem Grund vertrauen wir auf die kontinuierliche Transformation, die in kleinen, aber sich wiederholenden und ergänzenden Schritten das Bestehende weiterzuentwickeln versucht, ohne dabei die Offenheit für Unerwartetes zu verlieren. Zu dem von uns verfolgten Ansatz gehört auch, Imaginationen für die Zukunft zu entwickeln. Denn um Transformation produktiv zu machen, müssen sowohl positive Zukunftsbilder entwickelt als auch die Stellschrauben und die Handlungsfelder in der jeweiligen Gegenwart erkannt und benannt werden. So können aus der Differenz zwischen Zukunftsbild und Ist-Zustand realistische Transformationsziele abgeleitet und Testfelder erschlossen werden.

Unsere Form des Nachdenkens über Transformation ist gleichzeitig künstlerisch und wissenschaftlich, ein hybrides Denken, das unterschiedliche Wissenskulturen produktiv zu verknüpfen versucht. Es basiert auf einer wissenschaftlichen Auseinandersetzung mit Stadt, ist aber gleichzeitig ein in sich freier, künstlerischer Gedanken- und Entwurfsprozess, weshalb unsere Arbeitsweise auch als künstlerische Forschung beschrieben werden kann. Über den Gedanken der künstlerischen Forschung hinaus steht die Idee der Globalopolis auch in der Tradition architektonischer und städtebaulicher Entwürfe: die anschauliche Formulierung einer Zukunftsvorstellung, die möglichst bald umgesetzt werden soll. Die dritte Quelle unseres Denkens ist die Auseinandersetzung mit der Geschichte urbaner Transformation, also den Utopien, Konzepten und realisierten Projekten, mit denen in der Vergangenheit Stadt weiterentwickelt wurde. In unserem Denken über Stadt sind wir von der Welt geprägt, in der wir leben und groß geworden sind, in unserem Fall Europa, Deutschland und insbesondere Berlin. Ausgangs- und Fluchtpunkt unserer Stadtvision ist deshalb Berlin.

Um diese Herangehensweisen nachvollziehbar zu machen, besteht dieses Buch aus sechs Kapiteln, die sich aufeinander beziehen. Im ersten Kapitel haben wir mit einem Comic eine Zukunftsvision von Berlin – der Stadt, in der wir leben und die wir deshalb gut kennen – als Teil der entstehenden Globalopolis vorgestellt. Im zweiten Kapitel (das Sie gerade lesen) skizzieren wir unsere grundsätzlichen Gedanken über Stadt und Stadtentwicklung sowie unsere Arbeitsmethoden. Im darauffolgenden dritten Kapitel beschreiben wir die Handlungsfelder, die sich aus den aktuellen Stadtforschungsdiskursen ergeben – und die auch für die Erstellung unserer Zukunftsvision maßgeblich waren. Diese Handlungsfelder sollen zeigen, wie man eine Stadt schon heute auf eine mögliche Zukunft vorbereiten kann, also Wünschenswertes, Unausweichliches und Notwendiges möglichst sinnvoll miteinander verknüpft. Was uns dabei wichtig ist: Wir geben keine konkreten Handlungsanleitungen (das wäre vermessen), sondern wollen Möglichkeiten aufzeigen und Lust auf gestalterische Experimente machen. Weil unser Denken geprägt ist von unserer Herkunft und unserer Sozialisierung, legt das vierte Kapitel einige der unbearbeiteten Aspekte unserer Stadtimagination offen. Sie sind die Kehrseite der optimistischen Stadtvision, und sollen deshalb hier nicht ungenannt bleiben. Um aufzuzeigen, wie unser Modell trotzdem weitergedacht werden kann, beziehen wir im fünften und abschließenden Kapitel die Perspektive von drei Kolleginnen und Kollegen ein, die einen anderen Erfahrungshintergrund haben als wir. In drei Interviews nehmen wir einen Perspektivwechsel vor, wir teilen unsere Ideen, suchen im Gespräch nach Ergänzungen und stellen uns der Kritik. Im sechsten Kapitel haben wir ein Glossar beigefügt, das Hintergrundinformationen zu all den Projekten enthält, auf die wir im Text Bezug nehmen.

Der Tenor dieses Buches lässt sich also wie folgt zusammenfassen: Der in der heutigen globalen Kultur dominante Lebensraum der Weltgesellschaft ist die Großstadt. Städte werden in Größe, Dichte und Anzahl weiterwachsen, bis ein Städtenetzwerk die ganze Erde umspannt. Diese Globalopolis kommt nicht aus dem Nichts und sie ist nicht der Endpunkt einer Entwicklung, sondern genauso wie die Stadt der Gegenwart eine Momentaufnahme in einer langen, sich über viele Jahrhunderte und Jahrtausende ziehenden Entwicklungsgeschichte. Das kulturelle, ökonomische und räumliche Konstrukt »Stadt« ist Kulminationspunkt, wenn nicht sogar Verursacher vieler Probleme, vor denen unsere Welt heute steht.

Es ist deshalb höchste Zeit, dass wir Stadt grundlegend neu denken.

3.
HANDLUNGSFELDER

Was ist zu tun?

Die Gestaltung der Stadt der Zukunft beginnt im Hier und Jetzt. Im Folgenden wollen wir einige Handlungsfelder aufzeigen, die sich gegenseitig ergänzen und verstärken. Wir beginnen mit der Dichte von Stadt, also ihrer baulichen Struktur. Von dort aus setzen wir uns mit Infrastruktur, Mobilität, Ökosystem und dem Umgang mit Ressourcen auseinander. Wir beschäftigen uns anschließend mit Aspekten von Stadt, auf die die gestalterischen Disziplinen zumindest auf den ersten Blick keinen Zugriff haben, nämlich Arbeit, Wohnen, Eigentum und Sicherheit und Partizipation, um schließlich mit der Ästhetik der Stadt zu schließen.

Dichte

Die Weltbevölkerung wächst und zieht in die Städte. Weil Raum begrenzt ist, wird die Stadt der Zukunft nicht nur in der Fläche wachsen, sondern auch an Dichte zunehmen. Für die Erhöhung der Dichte wird an jedem Ort eine geeignete, spezifische Form gefunden werden müssen.

Eine der Kernfragen der Stadtentwicklung ist: Wie groß kann eine Stadt sein? Und wie respektiert eine Stadt das menschliche Maß? Urbanisierung ist eine Folge der Landflucht – auf der Suche nach besseren Lebensbedingungen wandert die

Landbevölkerung in die Städte. Betrachtet man die Stadtentwicklung der letzten 200 Jahre, sieht man, dass Städte immer weiter anwachsen, sowohl was die Stadtfläche anbelangt, als auch was die Einwohnerzahl anbelangt. Insbesondere während der großen Industrialisierungsschübe wuchsen Städte rasant – unabhängig davon, wann diese Schübe stattfanden. So hatte London um 1830 knapp 1,8 Millionen Einwohner, 80 Jahre später waren es bereits mehr als sieben Millionen. In dieser Zeit galt London als die größte Stadt der Welt, bevor sie von New York abgelöst wurde. Oder nehmen wir Berlin: 1845 circa 400 000 Einwohner und 1905 über zwei Millionen. War in Europa vor allem das späte 19. Jahrhundert die Wachstumsperiode, in den USA das ausgehende 19. und beginnende 20. Jahrhundert, begann die rasante Urbanisierung in China mit den 1980er Jahren. Zwar hatte Peking schon um 1800 mehr als eine Million Einwohner und war damit die größte Stadt der Welt, doch zwischen 1988 und 2018 sprang die Bevölkerungszahl von circa 6,5 Millionen auf knapp 20 Millionen. Und diese Entwicklung ist noch nicht zu Ende. China plant derzeit, aus den Regionen Peking, Tianjin und Hebei die Megametropolregion Jing-Jin-Ji mit bis zu 130 Millionen Einwohnern entstehen zu lassen.

Betrachtet man die weltweite Bevölkerungsentwicklung, ist die Urbanisierung noch längst nicht zu Ende. Die UN gehen davon aus, dass bis 2050 zwei Drittel der Weltbevölkerung in **Megacitys** wohnen werden. Jedoch unterscheidet sich das prognostizierte Wachstum der Städte weiterhin in Geschwindigkeit und Größe. Während man in Berlin davon ausgeht, dass die Stadt bis 2030 von heute 3,7 auf knapp vier Millionen Einwohner wachsen wird, soll sich die Einwohnerzahl von Daressalam in Tansania im selben Zeitraum wahrscheinlich von fünf auf zehn Millionen Einwohner verdoppeln. Das Potential für Veränderung in einer europäischen Großstadt mit 100 000 bis 500 000 Einwohnern ist also ein ganz anderes als das einer asiatischen oder afrikanischen Stadt mit heute zwei bis fünf Millionen Einwohnern – allerdings nur, wenn man davon ausgeht, dass die heute etablierten Entwicklungspfade beibehalten werden, das heißt Migration weiterhin restriktiv beschränkt wird.

Die schiere Größe oder Einwohnerzahl einer Stadt sagt aber noch nichts über ihren Charakter aus. Die europäische Stadt definiert sich über den Gegensatz zum Land. Daraus ergibt sich ein einfaches Bild: Je größer eine Stadt wird, desto weiter entfernt sind landwirtschaftlich genutzte Flächen oder sogenannte Natur. Doch dieses Bild trügt. Eine große Stadt kann eine Aneinanderreihung mehrerer kleiner Städte sein. Betrachtet man zum Beispiel Berlin: Die Stadt ist nicht von einem Zentrum aus immer größer geworden, sondern ist polyzentrisch aufgebaut – heutige Orts- und Stadtteile wie Charlottenburg, Spandau oder Rixdorf waren einst eigenständige Städte oder Dörfer, die während des Stadtwachstums des späten 19. Jahrhunderts mit Berlin zusammengewachsen sind und zum Teil erst mit der Gründung von Groß-Berlin vor 100 Jahren eingemeindet wurden. Dieser Prozess der Verstädterung durch Ausdehnung lässt sich an vielen Siedlungsgebieten auch heute noch beobachten. Ein wesentliches Merkmal von Stadt ist deshalb nicht die Größe ihrer Fläche oder ihre Einwohnerzahl, sondern die Dichte.

Weltweit unterscheiden sich die Städte in ihrer Bevölkerungsdichte. Die Zahlen sind abhängig von der Stadtgröße und den vorhandenen Freiflächen. Die Kernstadt Paris ist relativ klein und dichtbebaut und kommt damit auf eine Bevölkerungsdichte von über 20 000 Einwohnern pro Quadratkilometer, Manhattan auf über 27 000. New York hingegen hat

Megacitys

Agglomerationen mit mehr als 10 Millionen Einwohnern (2018/2035)

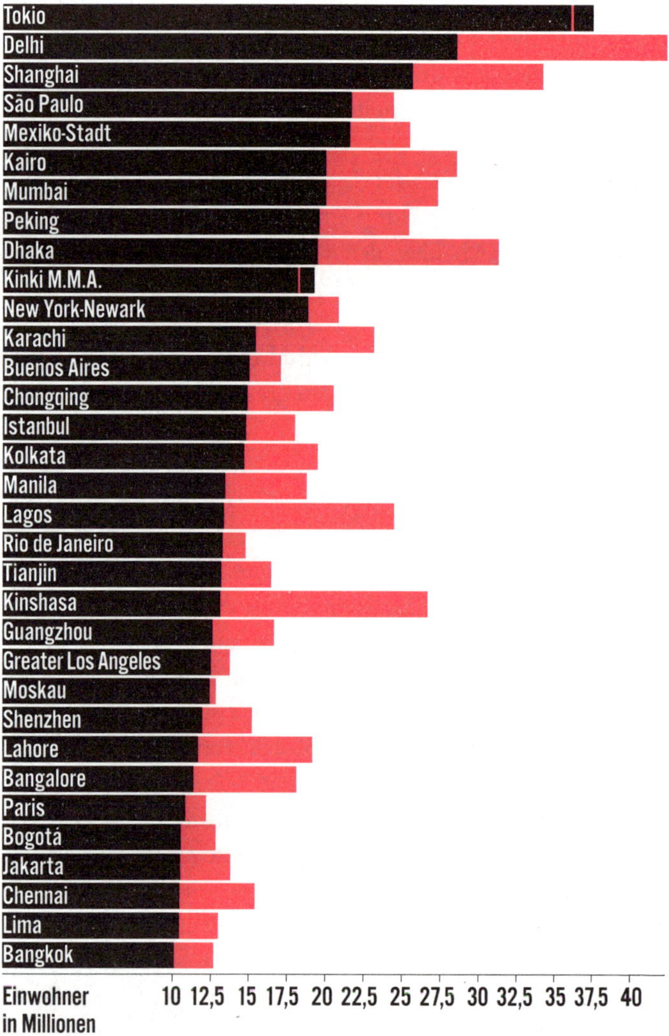

Bevölkerungsdichte

Einwohner pro Quadratkilometer in den zehn dichtesten Städten der Welt

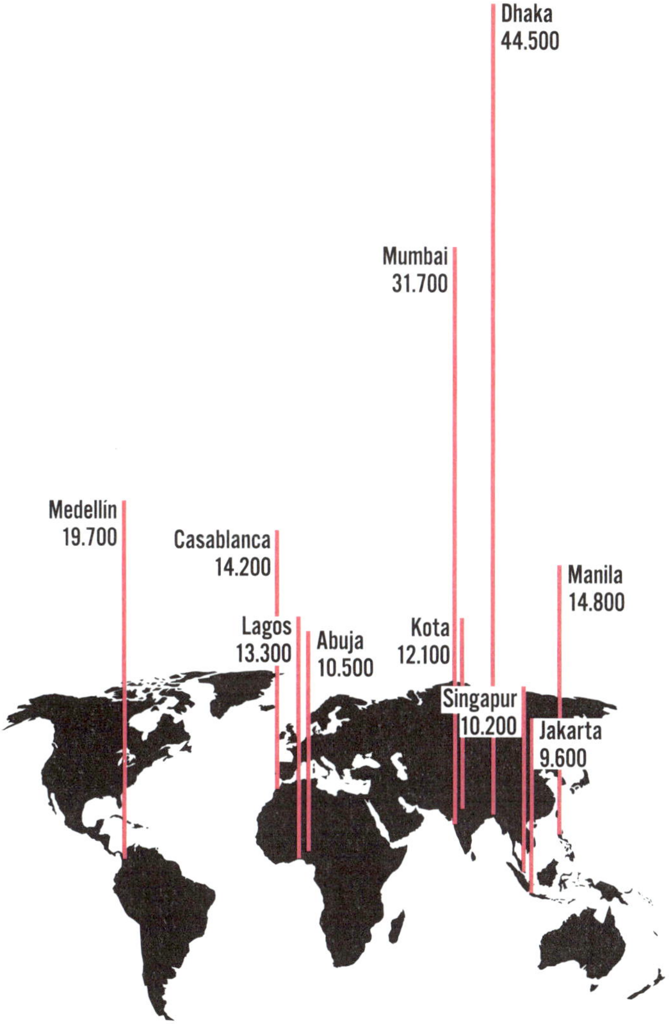

»nur« etwa 10 000, genauso wie der Großraum Paris. Berlin mit seinen Wald- und Wasserflächen kommt auf etwa 4000 Einwohner, in einzelnen Innenstadtbezirken leben auch über 10 000 Einwohner pro Quadratkilometer. Noch dichter sind Megacitys, wie Dhaka oder Mumbai, wo 30 000 oder 40 000 Einwohner pro Quadratkilometer leben. Diese Bevölkerungsdichte korreliert aber nicht mit Bebauungsdichte, denn den Menschen steht nicht in allen Städten gleich viel Wohnraum zur Verfügung: Während in Berlin die durchschnittliche Wohnfläche pro Person bei circa 40 Quadratmetern liegt, leben die Einwohner Tokios im Schnitt auf etwa 15 Quadratmetern.

Dichte ist ein vielseitiger Begriff, denn Dichte bezieht sich nicht nur auf die Bevölkerung, sondern auch auf die Bebauung, den Verkehr oder Funktionen. Diese unterschiedlichen Dimensionen stehen nicht losgelöst nebeneinander, sondern bedingen einander. Betrachtet man Städte weltweit, so fällt auf, dass Dichte aus unterschiedlichen geographischen und historischen Faktoren resultiert. Zum einen aus der verfügbaren Fläche – ist die Fläche einer Stadt aufgrund von Grenzziehungen, Stadtmauern, Grundstückspreisen oder geographischen Barrieren begrenzt, kann Wachstum nur über Verdichtung erfolgen. Andererseits gibt es regionale Unterschiede darin, wie dicht die Menschen zusammenwohnen, wie viel Platz sie brauchen und wie gebaut wird – beispielsweise werden in warmen Regionen die Baukörper dicht gestellt, damit sie sich weniger stark aufheizen. Und auch die Planungsleitbilder haben einen großen Einfluss – aus Ablehnung der dichten Stadt der Industrialisierung wurde mit der Verbreitung des Automobils und dem Leitbild der »gegliederten und aufgelockerten Stadt« die Dichte in den Städten der westlichen Industrienationen reduziert. Ab den 1990er Jahren erfolgte eine Hinwendung zu einem neuen Leitbild, der »Urbanität durch Dichte«. Die dichte Stadt wurde wiederentdeckt. Die in den 1950er Jahren als »gegliederte und aufgelockerte Stadt« bezeichnete, letztendlich vor allem autogerechte Stadt gilt heute als gescheitert. Mit dem Leitbild »Urbanität durch Dichte« sind nun Überlegungen über ein »menschliches Maß« von Stadt verbunden. Statt alles für das Transportmittel Auto zu planen, wird wieder über Fahrradfahrer und Fußgänger nachgedacht und die Aufenthaltsqualität in urbanen Räumen rückt in den Mittelpunkt.

Dichte ist ein wesentliches Merkmal von städtischem Leben, denn sie ermöglicht, was Stadt interessant macht: das Nebeneinander von Unterschiedlichem, Vielfalt und Heterogenität. Dichte forciert unterwartete Begegnungen, ohne die Konfrontation mit Fremdem und Unbekanntem entsteht nichts Neues.

Was also ist die Dichtevorstellung von Globalopolis? Sie soll zwar eine hohe Einwohner-, aber eine verhältnismäßig geringe Bebauungsdichte haben, damit Platz für Grün- und Freiraum bleibt. Einen Beitrag dazu wird eine neue Form von Wohnungsbau leisten, der Gemeinschaft fördert und mit wenig Raum auskommt. Diesem Gedanken werden wir im Kapitel »Wohnen« vertieft nachgehen. Zusätzlich gilt es, den von individueller motorisierter Mobilität (sprich: Autos) besetzten Raum für Grün und für öffentliche, soziale Nutzungen zurückzuerobern.

Zusammenfassend lässt sich sagen: Die Stadt der Zukunft ist dicht, weil in einer von Bevölkerungswachstum geprägten Welt Raum knapp und deshalb – sowohl aus ökologischer als auch aus ökonomischer Perspektive – kostbar ist. In Berlin bietet sich eine ganz einfache Lösung an. Die Stadt ist von Blockrandbebauung geprägt. Im 19. Jahrhundert war diese Bebauungsform der Inbegriff der dichten Stadt. Durch Aufstockung könnte man diesen Bestand nachverdichten – und zugleich die Dachlandschaft als neuen öffentlichen Raum erschließen.

Infrastruktur

Infrastrukturen sind das Rückgrat der Stadt. Ihre Funktionalität organisiert und ermöglicht das Zusammenleben der Menschen auf dichtem Raum und sorgt dafür, dass sich die Gesellschaft weiterentwickeln kann.

Ein wesentlicher Aspekt funktionierender Städte ist die Qualität ihrer Infrastruktur. Hohe Dichte setzt gute Infrastruktur voraus und rechtfertigt deren Kosten. Zur Infrastruktur zählen das Mobilitätssystem, das Bildungs- und Gesundheitssystem, erreichbare Schulen und Krankenhäuser, Kommunikations- und Versorgungssysteme, also auch eine funktionierende Kanalisation, Trinkwasserversorgung, Stromversorgung und Internet- und Telefoninfrastruktur. Nur für die Bewohner der reichen europäischen Städte sind das in der zweiten Hälfte des 20. Jahrhunderts Selbstverständlichkeiten geworden. Doch die Versorgung der Bevölkerung mit derartigen Infrastrukturen ist noch lange nicht in allen Metropolen der Welt garantiert und wird in Städten, die in den schrumpfenden Regionen Europas liegen, immer wieder in Frage gestellt.

Krankenhäuser und Kanalisation, Schulen und Stromversorgung – und damit kommen wir zu den Herausforderungen für die Zukunft – sind die bekannten, heute üblichen technischen und sozialen Infrastrukturen, die zumeist im Laufe der vergangenen 150 Jahre errichtet wurden. Diese Infrastrukturen wurden, um es grob vereinfacht auszudrücken, in der westlichen Stadt in zwei großen Wellen realisiert; zwischen dem Ende des 19. Jahrhunderts und dem Ersten Weltkrieg (öffentliche Mobilitätsinfrastrukturen, Kanalisation, Elektrifizierung) und nach dem Zweiten Weltkrieg (Autobahnen, Flughäfen, Kommunikation). Beide Modernisierungswellen waren getragen von starkem wirtschaftlichem Aufschwung – und zugleich Instrumente für die Verwirklichung von gesellschaftspolitischen Zielen.

Die Stadt der Zukunft wird nicht nur neue Infrastrukturen benötigen – wie die Ladestationen für E-Mobilität, über die derzeit diskutiert wird, oder das Netz an Sensoren, das für das sogenannte autonome Fahren benötigt wird –, sondern sie braucht auch gesellschaftspolitische Ziele. Die aktuellen Diskurse um die Konzepte einer Smart City und die dafür nötigen Sensoren und Steuerungseinrichtungen geben einen ersten Ausblick auf die in Zukunft benötigten Infrastrukturen. Sie beantworten aber nicht die Frage, zu welcher Form von Gesellschaft diese Infrastrukturen beitragen sollen. Denn gerade das Themenfeld »Smart City« verweist auf die Möglichkeiten der Überwachung, Kontrolle und Disziplinierung, die dem von uns skizzierten Ideal von Offenheit diametral entgegenstehen.

Wir sind der Überzeugung, dass Infrastrukturen nicht wertneutral sind. Sie realisieren gesellschaftspolitische Vorstellungen. Und sie verfestigen diese, denn Infrastrukturen sind teuer und generieren Abhängigkeiten – und schreiben damit Entwicklungspfade fest.

Eine Forderung der radikalen Architekten der 1960er Jahre war deshalb, flexible Infrastrukturen zu entwerfen, wie z. B. den Fun Palace von Cedric Price, der wandlungsfähig sein sollte, um sich den Bedürfnissen der Menschen anpassen zu können.

Was daraus folgt? Wir brauchen eine gesellschaftliche Diskussion darüber, welche Infrastrukturen wir für eine zukunftsfähige Gesellschaft brauchen und wie die neuen Infrastrukturen unsere Gesellschaft prägen werden. Für eine zukunftsfähige Stadt müssen wir schon heute massiv in – zum Teil völlig neuartige – Infrastrukturen investieren. Dazu zählt die Infrastruktur für zeitgemäße, lebenslange Bildung, aber auch die technische Infrastruktur, wie sie beispielsweise für eine intelligente Mobilität notwendig sein wird. Zu den wichtigen Infrastrukturen zählen auch öffentliche Räume. Denn eine diverse, von globaler Freizügigkeit geprägte Gesellschaft braucht Orte der Verständigung und des Austausches, um sich über die Bedingungen des alltäglichen Zusammenlebens zu verständigen (**El Campo de Cebada**).

Mobilität

Mobilität zu ermöglichen ist eine wesentliche Eigenschaft von Stadt. Die Mobilität der Stadt umfasst räumliche und soziale Dimensionen. In diesen beiden Bereichen stehen große Änderungen bevor: Die Stadt der Zukunft löst sich vom motorisierten Individualverkehr – und macht das Versprechen von sozialer Mobilität global wirksam.

Beim Stichwort »Mobilität« denken viele zuerst an Bewegung von A nach B. Für unsere Annäherung an die Stadt der Zukunft ist aber eine andere Form der Mobilität zunächst wichtiger: die soziale Mobilität. Soziale Mobilität meint, dass es möglich ist, den eigenen Lebensstandard zu verbessern. Ein Grund, warum überall auf der Welt viele Menschen in die Stadt ziehen, ist, dass Stadt sozialen Aufstieg verspricht. Eine der Voraussetzungen für die Erfüllung dieses Versprechens ist die räumliche Mobilität. Es muss möglich sein, die Produkte der Arbeit an die Orte des Verkaufs oder die Arbeitskraft in vertretbarer Zeit und zu geringen Kosten vom Wohnort an die Arbeitsstelle zu bringen. Eine gute Mobilitätsinfrastruktur ist deshalb die Voraussetzung für eine Gesellschaft, in der sich Menschen und ihre Produkte frei bewegen können – räumlich und sozial. In vielen Regionen der Welt ist dies nicht gegeben, gerade in den Megastädten des globalen Südens, wie beispielsweise Mexiko. Hier ist die Möglichkeit der Mobilität – wie übrigens auch die Sicherheit – an den individuellen Wohlstand gekoppelt. Je reicher, desto mobiler; je ärmer, desto weiter, aufwendiger und zeitraubender ist der Weg vom Wohnort zur Arbeit. Eine Aufgabe der Stadt der Zukunft ist es deshalb, Mobilität zu vereinfachen. Ein gutes Beispiel, wie räumliche und soziale Mobilität miteinander verknüpft sind, ist die **Metrocable** in Caracas. Diese Seilbahn erschließt die höhergelegenen, ärmeren Stadtteile und ermöglicht es den Bewohnern, schnell ins Stadtzentrum zu gelangen.

Das 20. Jahrhundert war außerdem geprägt von der Vorstellung, dass irgendwann jeder Mensch ein eigenes Auto besitzt und sich mit diesem durch die Welt bewegt. Städte wurden so ausgebaut, dass im Falle eines Atombombenangriffes die Bewohner mit ihrem Auto aus der Stadt über große Ausfallstraßen flüchten konnten. Doch diese kriegsstrategischen Entfluchtungspläne sind heute obsolet. Die Gegenwart leidet unter anderen Problemen. So schädigen die von Autos erzeugten Abgase permanent die Gesundheit der Stadtbewohner – Städte wie Mexiko-Stadt, die sprichwörtlich in Stau und Smog ersticken, zeigen, dass die autogerechte Stadt die Menschen krank macht.

Die Stadt braucht also ein neues Leitbild, in dem das Auto nicht mehr die Hauptrolle spielt. Doch noch ist unklar, was das neue Leitbild der Stadtentwicklung ist. Verschiedene Städte haben unter Schlagwörtern wie »CO_2-neutrale Stadt« oder »menschengerechte Stadt« Zielvorstellungen für eine zukünftige Mobilitätskultur entwickelt, die einfacher, sauberer und »intelligenter« sein sollen, als das chaotische Gewusel der Gegenwart. Ein Vorreiter hierfür ist Kopenhagen, wo der Stadtplaner Jan Gehl die Idee des »menschlichen Maßes« vertritt: Die menschlichen Bedürfnisse sollen der Maßstab in der Stadtplanung sein. Er stellt fünf Aspekte in den Vordergrund: Reduktion von Verbrennungsmotoren, Reduktion des motorisierten Individualverkehrs und des ruhenden Verkehrs, Stärkung des Fußgänger- und Fahrradverkehrs, Autonomisierung / smarte Steuerung und Einführung neuer kollektiver Verkehrsmittel. Beginnen wir, sie der Reihe nach genauer anzuschauen.

Fast alle Städte der reichen, westlichen Welt planen, in den nächsten Jahren den Anteil der Autos mit Verbrennungsmotoren zu reduzieren. An ihre Stelle sollen elektrisch betriebene, im Idealfall sogar autonom agierende Fahrzeuge treten, wie sie derzeit fast alle Automobilhersteller entwickeln. Diese technische Umrüstung soll durch Maßnahmen ergänzt werden, die den motorisierten Individualverkehr als solchen verringern. Zu diesem Zweck entwickeln Städte ambitionierte Fahrrad- und Fußgängerkonzepte (**Cirkelbroen**) und investieren in den ÖPNV.

Zudem besteht die Annahme, dass der zukünftige computergesteuerte Verkehr der »Smart City« weniger Stau produzieren wird, sei es durch effizientere Wegeführung oder durch intelligentes Parkplatzmanagement. Denn in den großen deutschen Städten entfallen knapp 30 Prozent des Verkehrs

Modal Split

Zusammensetzung des Verkehrs in fünf großen Städten jedes Kontinents

auf die Parkplatzsuche. Ob dies so eintreten wird, ist fraglich, eine sensorgestützte Parkplatzsuche löst beispielsweise nicht das Grundproblem der vielen Autos. Radikalere Ansätze propagieren deshalb den kompletten Verzicht auf individuellen Besitz an motorisierten Verkehrsmitteln. Individuell genutzte Autos stehen am Tag circa 22 bis 23 Stunden herum, weshalb circa 30 Prozent der Verkehrsflächen in Städten dem ruhenden Verkehr, also dem Parken, gewidmet sind.

Ein Ansatz, dieses Problem zu lösen, ist Carsharing. Dabei wird ein Fahrzeug von unterschiedlichen Menschen genutzt. Bislang führt dies aber noch nicht dazu, dass weniger Menschen Auto fahren, sondern bedient vor allem Menschen, die bislang kein eigenes Auto besitzen – der Effekt ist also gegenteilig, statt weniger sind mehr Autos unterwegs. Neben dem Carsharing gibt es auch das »Ridesharing«, bei dem Menschen mit ähnlichen Wegen sich ein Fahrzeug teilen, dessen optimale Route durch Algorithmen berechnet wird. In einigen Großstädten wie Hamburg oder Berlin gibt es bereits Pilotprojekte. In Zukunft, so die Annahme, sollen derartige Dienstleistungen von autonom fahrenden Fahrzeugen übernommen werden. Initiiert und getragen werden die Pilotprojekte in Berlin und Hamburg auch von großen Automobilherstellern wie Volkswagen, die auf der Suche nach post-automobilen Geschäftsmodellen sind.

Noch weiter gehen die konzeptionellen Vorschläge für neue Verkehrssysteme, die aus kleinen mobilen, autonom fahrenden Kapseln bestehen, die gar nicht mehr wie Autos aussehen. Auch wenn diese Idee nicht ganz neu ist, inspiriert sie, bedingt durch die neuen technischen Möglichkeiten, immer wieder Verkehrsplaner, Architekten und Designer in der ganzen Welt – in Berlin zum Beispiel den jungen Architekten Max Schwitalla, der mit seinem Kapselkonzept **Flywheel** 2014 am Audi Urban Future Award teilgenommen hat. Das Grundprinzip aller Kapselkonzepte ist, dass das individuelle Fahrzeug standardisiert und minimiert wird, damit die benötigten Straßenquerschnitte reduziert werden können. Das Besondere an den Kapselkonzepten aber ist, dass die Kapseln nach Bedarf zu unterschiedlich langen Zügen zusammengekoppelt werden können. So werden Platz und Energie gespart und der Verkehrsfluss optimiert. In einigen Kapselkonzepten befinden sich die Kapseln auch nicht in Privateigentum, sondern sind 24 Stunden am Tag unterwegs und machen dadurch den ruhenden Verkehr überflüssig. Sie können die Trennung von individualisiertem Verkehr und kollektiven, öffentlichen Verkehrsformen überwinden. Der Haken am Ganzen: Die Kapselsysteme scheinen mit dem bestehenden System nicht kompatibel, es braucht also einen kompletten Systemwechsel – sowohl ökonomisch als auch politisch ein nur schwer umsetzbares Unterfangen.

So schön die Phantasien für neue Verkehrssysteme auch sind, zielführender im Heute ist es wohl, nicht auf das perfekte neue System zu warten, sondern Schritt für Schritt das Vorhandene zu transformieren, in der Hoffnung, dass viele kleine Veränderungen auch zum Ziel führen. Wahrscheinlicher ist es aber, dass es in Zukunft verschiedene, parallel agierende Systeme geben wird, die einander ergänzen. So wäre es schon heute wünschenswert, dass der Wechsel zwischen Auto, Fahrrad und ÖPNV einfacher gestaltet werden würde, beispielsweise durch Fahrradparkhäuser an Umsteigepunkten. Ein anderes Beispiel dafür, wie schwer es Verkehrsplanern fällt, Systeme zu vernetzten, ist die viel diskutierte Frage, ob die aktuell den Markt erobernden Mikroroller im ÖPNV mitgenommen werden dürfen.

Um multimodale Nutzung – so der Fachbegriff für die

Kombination unterschiedlicher Verkehrsträger auf einer Wegstrecke – zu vereinfachen, brauchen die Städte der nahen Zukunft einen neuen Gebäudetypus: den Mobilitätsknotenpunkt, an dem zwischen motorisierter und nicht-motorisierter und zwischen unterschiedlichen Formen von Nah- und Fernmobilität gewechselt wird. Doch ob diese Knotenpunkte entstehen werden, ist fraglich. Im 19. und frühen 20. Jahrhundert waren die Staaten der westlichen Welt willens und in der Lage, infrastrukturelle Großprojekte, wie beispielsweise den Bau von Kanalisation, Elektrifizierung und U-Bahnstrecken, durchzuführen – aber heute? Und die am Markt konkurrierenden Unternehmen haben auch nur wenig Interesse, unterschiedliche Angebote zu verknüpfen.

Dennoch gibt es auch im Hier und Jetzt viele sinnvolle Ansätze, durch gezielte Infrastrukturmaßnahmen eine neue Mobilitätskultur zu fördern. Auf den ersten Blick vielleicht langweilig und unspektakulär, aber trotzdem wichtig, ist die Förderung des Fuß- und Radverkehrs. Wir müssen schöne und sichere Wege planen und ökonomische Steuerungsinstrumente – wie beispielsweise Stellplatzverordnungen, Dienstwagenregelungen oder Krankenkassenbeiträge – so umgestalten, dass das Fahrradfahren praktisch und finanziell attraktiv wird. Diese Maßnahmen erscheinen deshalb realpolitisch umsetzbar, weil sie nur geringe Investitionen erfordern.

Aber sie werden nicht ausreichen, um schon heute die Grundlagen für eine sinnvolle urbane Mobilität zu schaffen. Wir müssen deshalb weiter über neue Transportmittel nachdenken – von Mikromobilität bis zu Sharing-Diensten, die gesünder, umweltfreundlicher, energiesparender und platzsparender sind als das sich im individuellen Besitz befindende Automobil.

Noch ist fraglich, ob sich die neuen Mobilitätsformen genauso erfolgreich mit dem Versprechen von Freiheit, Komfort und sozialem Status aufladen lassen wie das Automobil der Gegenwart. Nur mit ökonomischen Anreizen zu wedeln und moralische Argumente ins Feld zu führen wird dafür nicht reichen. Die Stärke von Gestaltung besteht darin, dass sie Zukunftsmöglichkeiten sinnlich erfahrbar und begehrenswert machen kann. Um eine alternative Mobilitätskultur breitenwirksam attraktiv zu machen, ist es deshalb sinnvoll, schon im Hier und Jetzt aufzuzeigen, wie lebenswert eine Stadt ist, in der wenige oder keine Autos unterwegs sind. Wir müssen neue Formen von Stadt erproben, in denen bislang automobil genutzter Straßenraum in echten Freiraum für die Stadtbewohner verwandelt wird. Zahlreiche Beispiele dafür gibt es bereits: temporäre Aneignungen von Parklücken beim weltweiten **Parking Day**, die Verwandlung einer wichtigen Verkehrsader in einen wunderschönen Stadtstrand beim **Paris-Plage**, die Umwidmung einer Hochstraße und einer Autobahn in begrünte Freiräume für die Bürger, wie bei den Projekten **Seoullo 7017** und **Cheonggyecheon** in Seoul in Südkorea. Die Straße der Gegenwart ist der Experimentierraum für die Zukunft.

Genauso wichtig wie die räumliche Mobilität ist bei der Planung der Stadt der Zukunft auch die Förderung sozialer Mobilität – die, wie bereits erwähnt, oft mit der räumlichen zusammenhängt. Die globale soziale Mobilität führt zu viel grundlegenderen gesellschaftlichen Transformationen als die auf die rein räumliche Mobilität bezogenen Veränderungen rund um Digitalisierung, Elektrifizierung und autonomes Fahren.

Das, was heute im Spannungsfeld von Schlagwörtern wie »Notunterkunft für Geflüchtete« und »Grenzmauer« diskutiert – und praktiziert – wird, ist nur eine schwache Vorschau auf die gesellschaftlichen und baulichen Herausforderungen der Zukunft. Denn soziale Mobilität geht heute – und wohl auch in der näheren Zukunft – vor allem mit globaler Migration einher. Für die Zukunft bedeutet das: Entweder die Grenzregime der Gegenwart spielen keine Rolle mehr, weil wir in einer Welt der Freizügigkeit leben, oder die Grenzen werden in einem radikalen Maße verstärkt, um Migration aufzuhalten. Die Stadt der Zukunft wird also entweder zu einer Festung, die sich nach außen abschirmt, oder sie wird aufgrund globaler Mobilität viele neue Bewohner haben, für die Wohnraum, Arbeit und gesellschaftliche Teilhabe geschaffen werden müssen.

Ökosystem

Jede Gesellschaftsepoche hat ein ganz eigenes Verhältnis zu Natur und Landschaft. Die Stadt der Zukunft erfindet ihr eigenes urbanes Ökosystem, in dem »Natürliches« und »Künstliches« miteinander verschmelzen. Die Stadt der Zukunft ist nicht nur für Menschen, sondern auch für Tiere und Pflanzen gemacht.

Die Stadt ist kein Ort, an dem sich Natur ausbreiten kann, so ein gängiges Vorurteil – das so gar nicht stimmt. Denn Tiere und Pflanzen gibt es auch in der Stadt, und die Artenvielfalt ist mittlerweile meist größer als in agrarwirtschaftlich genutzten ländlichen Gebieten. Die Biodiversität steigt sogar mit der Größe der Stadt. Allein circa 20000 Tier- und Pflanzenarten gibt es in Berlin. Und etwa zwei Drittel aller Vogelarten, die in Deutschland existieren, kommen in Berlin vor. Im Berliner

Umland hingegen leben weniger Tierarten, weil viele Arten aufgrund der industriellen Landwirtschaft ihren natürlichen Lebensraum verloren haben. Stadt hingegen bietet aufgrund der Vielfalt an unterschiedlichen Räumen vielen Tierarten eine ökologische Nische. So weit so gut – aber noch nicht genug. Denn Stadt könnte noch viel tierfreundlicher sein, wenn sie »grüner« und ökologischer wäre, als sie es jetzt ist. Und das wäre nicht nur ein Vorteil für Pflanzen und Tiere, sondern auch für Menschen. Denn der Grünraum in der Stadt trägt zur Gesundheit der Bewohner bei, reduziert Stress und senkt das Risiko, an Krankheiten wie Depression zu erkranken. Er verbessert die Luftqualität, reguliert das Mikroklima und bindet Wasser bei starken Regenfällen. Kurzum: Die Stadt der Zukunft muss »grüner« sein.

Woher kommt das Vorurteil, dass Natur in der Stadt keinen Platz finden könne? Es ist eher in unserem kulturellen Hintergrund verwurzelt. Historisch wurde in den westlichen Kulturen lange Zeit alles Menschengemachte – und damit auch dic Stadt – als Gegenpol zur Natur aufgefasst, als sei der Mensch etwas der Natur Entgegenstehendes. In der Neuzeit romantisierten die Menschen die Natur, insbesondere vor dem Hintergrund beginnender Industrialisierung – und zerstörten sie gleichzeitig. Die Lebensräume von Pflanzen und Tieren verschwanden zunehmend. In der Stadt gab es keinen Platz mehr für Natur.

Als Gegenpol zum städtischen, tier- und pflanzenarmen Raum wurde ein eigener funktionaler Raum definiert; in Parks und Gärten wurden fiktive Landschaften geschaffen, in denen sich das Verhältnis vom Menschen und seiner Umwelt symptomatisch widerspiegelt. Zeugt der streng geometrische, barocke Park vom Wunsch nach Beherrschung der Natur, liegt dem romantischen Landschaftsgarten die Sorge um den

Verlust von urtümlicher Natur und Kulturlandschaft durch die Industrialisierung zugrunde. Und heute konstruieren wir naturnahe Räume und ökologische Biotope – weil wir Angst haben, dass sie sonst unwiederbringlich verlorengehen.

Für eine lebenswerte Stadt der Zukunft dürfen wir Natur und Stadt nicht mehr als etwas Getrenntes wahrnehmen, sondern als etwas miteinander Verbundenes. Was das konkret heißt, wird anschaulich, wenn wir verschiedene Bereiche der Stadt durchlaufen und uns überlegen, wie sie aussähen und welche Funktionen sie hätten, wenn wir sie uns als Teil eines zukünftigen Grünraums vorstellen.

Wenn der oben beschriebene Wandel der Mobilitätskultur vollzogen sein wird, werden in den Städten Flächen frei, die bislang entweder für den Autoverkehr oder für die parkenden Autos reserviert waren. Diese freigewordenen Räume können entweder für neue Gebäude, also Erhöhung der Bebauungsdichte, oder für Grünflächen genutzt werden. Anders als die Parks der heutigen Stadt, die in sich abgeschlossene Flächen bilden und in der Textur der Stadt als Inseln erscheinen, werden die zukünftigen Grünflächen lange, miteinander verbundene Bänder darstellen, die die ganze Stadt durchziehen und mit dem Umland verknüpfen – und so Tieren einen ganz anderen Lebensraum bieten als die Grüninseln der heutigen Stadt.

Die Begrünung der Stadt setzt sich an den Fassaden und Dächern der Gebäude fort. Die vorherrschenden Materialien der klassischen europäischen Stadt – Stein – und der amerikanischen Downtown – Stahl, Glas, Beton – werden durch Pflanzen ersetzt, die die Fassaden beranken. Wie diese Gebäude in Zukunft aussehen könnten, lässt sich erahnen, wenn man sich beispielsweise die neuen Hochhäuser **Bosco Verticale** im italienischen Mailand oder **One Central Park** in Sydney anschaut. Der horizontale Wald wird durch den vertikalen

Öffentlicher Grünraum

Anteil von Parks und Gärten an der Stadtfläche

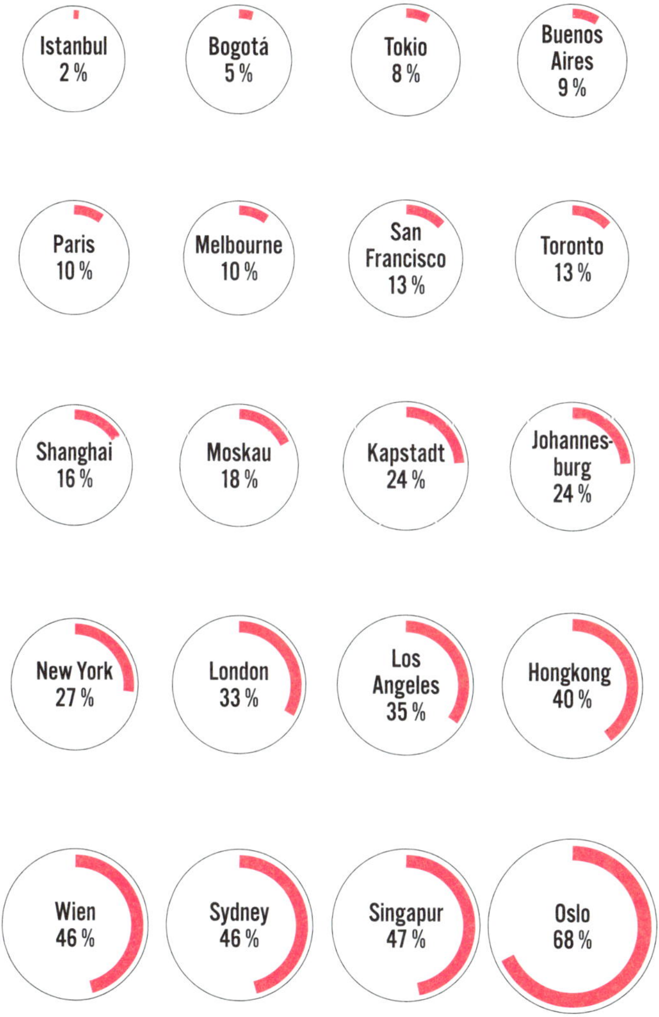

Wald erweitert, der sich schließlich über die Dächer der Stadt ziehen wird.

Aber nicht nur die bebauten, sondern auch die unbebauten Bereiche der Stadt könnten »grüner« sein, als sie es heute sind. In den meisten Städten ist das Wasser nach wie vor ein völlig unterschätzter Naturraum. Auch wenn seit den 1990er Jahren in vielen Städten unter dem Stichwort »waterfront regeneration« viele Ufer für die Stadtbewohner erschlossen und in Promenaden verwandelt wurden, ist das Wasser selbst noch häufig unerschlossenes Gebiet und keine alltägliche Nutzfläche. Die Gründe dafür sind vielfältig. Entweder sind sie ökologischer Natur, da das Wasser schlicht zu dreckig ist, um darin zu baden oder Boot zu fahren. Oder es sind rechtliche Gründe, weil das Baden in bestimmten Flüssen und Kanälen, die auch als Wasserstraßen genutzt werden, verboten ist. Mitunter sind es aber auch ganz praktische Beweggründe, da viele Gewässer mit Uferbefestigungen nahezu unzugänglich sind. Die Stadt der Zukunft erschließt sich ihre Flüsse und Bäche als Erholungs- und Bewegungsraum – die Stadt der Zukunft lernt schwimmen. In Berlin gibt es mit dem **Flussbad** derzeit ein Projekt, das das Baden hinter einem natürlichen Pflanzenfilter im innerstädtischen Kanal ermöglichen will.

Auch die bestehenden Parkanlagen müssen für die Zukunft neu gedacht werden. Die meisten Parks der Gegenwart sind horizontal gedachte Grünflächen und damit Teil der funktionalen Raumtrennung. Dass auch horizontale Grünflächen denkbar sind, zeigte der niederländische Pavillon auf der **Expo 2000**, der Landschaften auf mehreren übereinanderliegenden Ebenen stapelte. Es gibt auch erste Ansätze, Parks dreidimensional zu denken, wie den **MFO-Park** in Zürich. Zu lange war das vorherrschende Ideal vieler Grünflächen entweder der englische Landschaftsgarten des 19. Jahrhunderts, der vorrangig auf ein visuelles Erlebnis ausgelegt war, oder der Volkspark des 20. Jahrhunderts, der zumindest versuchte, Aktionsräume wie Spiel- und Sportflächen für die städtische Bevölkerung zu implementieren. Das städtische Grün wollen wir um weitere Funktionen erweitern: Dazu zählt eine wilde Natur, die auch wuchern darf und deren Ästhetik sich nicht über die Domestizierung definiert, aber auch neue funktionale Räume, die ihre eigene Ästhetik entfalten und zur Produktivität von Grünraum in der Stadt beitragen.

Es geht um nicht weniger als ein neues urbanes Ökosystem. Da der Raum in der Stadt knapp ist und der Grünraum auch eine Vielzahl an Ökosystemdienstleistungen übernimmt, dient dieses neu zu erfindende städtische Ökosystem nicht nur der Erholung, sondern hat viele Funktionen. Dazu gehören Flächen, auf denen Energie gewonnen, Abwasser gereinigt und Nahrung hergestellt wird. Neben klassischen Grünflächen kommen auch andere Flächen in Frage, wie beispielsweise Dächer, Fassaden oder Tunnel. In Singapur wurden in einem Park sogenannte **Supertrees** errichtet – künstliche Bäume, die aus einer bewachsenen Stahl-Beton-Konstruktion bestehen und vielfältige Umweltfunktionen übernehmen. Zusätzlich sind sie mit Solarzellen ausgestattet und können Energie erzeugen. In der Stadt der Zukunft braucht es außerdem Flächen, die bei Hochwasser oder Starkregen wie ein Schwamm Feuchtigkeit aufnehmen, diese speichern und in trockenen Phasen wieder abgeben (**Wolkenbruchplan**). Und dazu gehören auch Flächen, die kühle Luft erzeugen, beziehungsweise durch die Stadt leiten. Die Stadt der Zukunft schafft neue, ökologisch produktive Landschaftstypen und Raumstrukturen. Sie saugt ihre Umgebung nicht aus, sondern bereichert sie. Sie grenzt Pflanzen und Tiere nicht aus, sondern denkt sie mit.

Warum aber bei Park, Wasserfläche, Dach und Fassade haltmachen? Alle vorgenannten Beispiele orientieren sich an traditionellen Bildern von Natur und Landschaft, die in die Stadt übertragen werden. Die Stadt der Zukunft wird aber ihre eigene Form von Natur erzeugen. Betrachten wir das, was Stadt am meisten ausmacht, nämlich ihre Gebäude: Warum nicht die Gebäude selbst als natürliche Organismen verstehen? Die Tragkonstruktion als etwas Wachsendes, die Heizung und Kühlung als Teil eines atmenden Lebewesens, das Abwasser als Teil eines Nährstoffsystems? Wir stellen uns vor: Gebäude, die wachsen, Pflanzen, die gleichzeitig Tragwerk sind, die Energie erzeugen, die Luft reinigen, sauberes Wasser produzieren – und deshalb die Grenze zwischen Grünraum und bebautem Raum auflösen. Diesen Hybriden gehört die Zukunft.

Auch wenn wir uns mit den Hybriden noch etwas gedulden müssen, mit dem Perspektivwechsel können wir schon heute beginnen. Neue Gebäude können mit Gründächern ausgestattet werden. Und auch manches Bestandsgebäude bekäme vielleicht ein begrüntes Dach, wenn damit die Genehmigung für eine Aufstockung einherginge. Häuser können Grünfassaden bekommen, die die Luft reinigen. Und da die Politik sich nur selten traut, den Straßenraum umzuwidmen (**Seoullo 7017**, **Cheonggyecheon**), könnte man eine neue Nutzung zumindest temporär erproben, wie beim **Paris-Plage**-Festival, wo in den Sommermonaten die Uferstraße der Seine mit Sand in einen urbanen Strand verwandelt wird. Und auch für produktive Landschaften gibt es schon viele Beispiele. So steht in Kopenhagen eine Müllverbrennungsanlage (**Amager Ressource Center**), auf der sich ein Park befindet, in dem man im Winter Skifahren kann: So kann ein urbanes Ökosystem Spaß machen.

Ressourcen

Die Stadt der Zukunft versteht sich als ein Organismus, der als Stoffkreislauf funktioniert. Energie, Nahrungsmittel und Baustoffe werden nicht mehr von außen in die Stadt gebracht, sondern in der Stadt generiert. Zentrale Symbolträger für diesen neuen urbanen Metabolismus sind jene bislang aus der Stadt verbannten, geradezu verfemten Orte, an denen Stoffe gereinigt, wiederverwertet oder in Energie verwandelt werden: Kraftwerke, Kläranlagen und Recyclinganlagen.

Bislang wirtschaftete die Einheit »Stadt« genauso wie unsere gesamte Gesellschaft. Sie verbraucht, ohne sich darum zu kümmern, wie lange die Quellen bestehen. Stadt beutet ihre Umwelt aus. Und diese Prozesse finden meistens außerhalb der Stadt statt und sind damit für die Stadtbewohner nicht sichtbar. Die Müllverbrennungsanlage **Amager Ressource Center** in Kopenhagen vereint zwei Nutzungen miteinander – Freizeit und Müll – und macht sie bewusst sichtbar.

In einer verstädterten Welt kann die Stadt ihre Umwelt nicht mehr ausbeuten, weil es keine Umwelt außerhalb der Stadt mehr gibt, aus der – um anschauliche Beispiele zu nennen – Baustoffe zugeführt und in die der Müll entsorgt werden kann. Die Stadt muss für sich selbst sorgen, sich als ein eigener, in sich geschlossener ökologischer Kreislauf verstehen.

Dazu gehört, dass die Stadt der Zukunft ihre eigene – erneuerbare – Energie gewinnt. Windkraft- und Solaranlagen auf den Dächern und an den Fassaden werden in Zukunft so normal sein wie heute Tiefgaragen. Potentielle Ressourcen werden erkannt und genutzt, wie **The Spark** zeigt. Das Konzept sieht eine Siedlung vor, die um ein Rechenzentrum gebaut ist und mit dessen Abwärme die Häuser beheizt. In Zukunft könnten biotechnische Eingriffe es auch ermöglichen, dass Pflanzen durch Photosynthese Strom erzeugen. Wir könnten also Pflanzen als Kraftwerke nutzen, die an und auf Gebäuden wachsen.

Neue Technologien werden auch helfen, Energie zu sparen. Das betrifft die Vermeidung von Heizung und Kühlung durch Wärmespeicherung, Wärmepufferung, Dämmung und Belüftung. Die Internationale Energieagentur schätzt, dass bereits rund 10 Prozent des weltweiten Stromverbrauchs für Ventilatoren und Kühlanlagen verwendet werden. Und da die Megastädte in den warmen Zonen des globalen Südens stark wachsen, wird der Energieverbrauch dort weiter ansteigen. Heizkosten können durch bessere Wärmedämmung reduziert werden, Kühlung durch Wärmespeicher. Wärmespeicher bestehen aus Materialien, die tagsüber entstehende Wärme speichern und diese nachts, wenn es kühl wird, wieder abgeben. So kann Energie, die heute noch für Heizung und Kühlung ausgegeben wird, eingespart werden.

Das Stichwort Wärmedämmung führt zu einem wichtigen Aspekt zukünftiger Ressourceneffizienz. Wenn heute Gebäude geplant werden, denkt man nur selten daran, was mit den verwendeten Materialien passiert, wenn das Gebäude einmal – aus welchen Gründen auch immer – nicht mehr gebraucht wird. Wenn heute Gebäude abgerissen werden müssen, ist der entstehende Bauschutt häufig Sondermüll. Intelligenter wäre es, Gebäude so zu planen, dass die verwendeten Baustoffe wieder recycelt werden können, so wie es früher üblich war. Nun ist es natürlich einfacher, wie früher Ziegel vom Mörtel zu befreien und dann wiederzuverwenden, als die heute üblichen Verbundfassaden in ihre einzelnen Baustoffe zu zerlegen. Aber genau darin liegt die Herausforderung: Ge-

Ressourcenverbrauch

Energieverbrauch der Megacitys

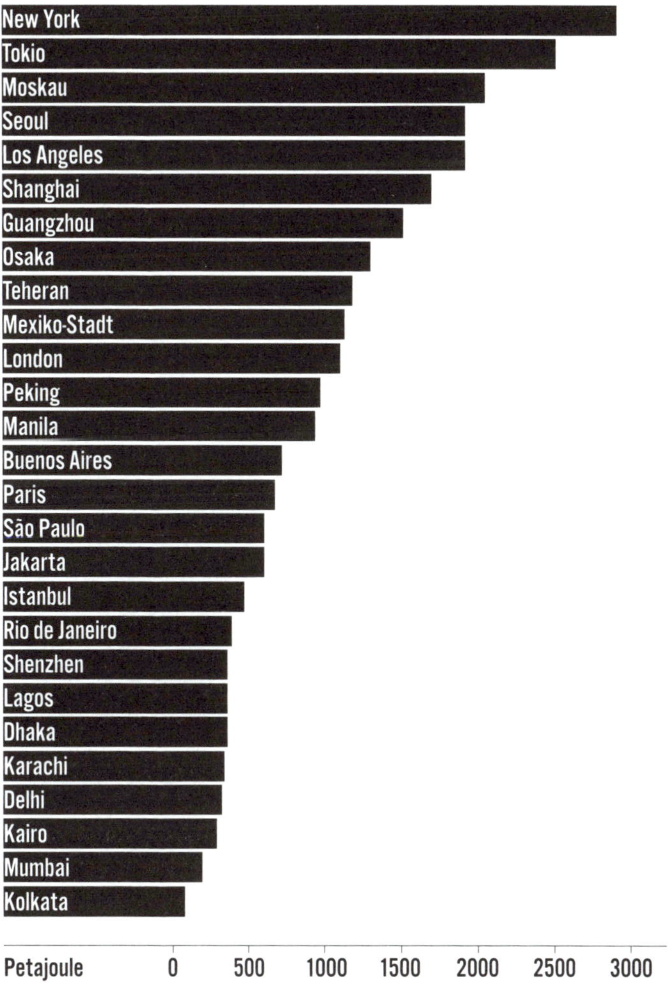

bäude als Materialspeicher, als »Banken« zu verstehen, in denen die verwendeten Materialien nur zwischengelagert sind, bis sie in einem anderen Gebäude zu erneuter Verwendung kommen (**R-Urban**). Und wenn man schon mit neuen Materialien arbeitet, kann man darauf achten, dass diese entweder nachwachsen und sich einfach recyceln lassen – wie z. B. Holz (**HoHo**) oder Bambus. Sie sind gegenüber Baustoffen, die sich nicht aus Materialverbünden lösen lassen, aus ökologischer Perspektive im Vorteil. Dies bedeutet auch, dass bestimmte Bautechnologien – wie der heute gebräuchliche Einsatz von Beton – überdacht und weiterentwickelt werden muss (**Rock Print Pavillon**). Doch das Rohstoff-Recycling endet nicht bei den Baumaterialien. Alle in der Stadt eingesetzten und anfallenden Materialien müssen als Teil eines Stoffkreislaufes verstanden werden (**Metabolismus**).

Dazu zählt natürlich auch das Wasser – in und außerhalb von Gebäuden. Wenn es in der heutigen Stadt regnet, wird das Wasser von den Dächern und Straßen direkt in die Kanalisation geleitet. Und bei besonders starkem Regen ist die Kanalisation schnell überlastet, weil in den meisten europäischen Städten Regen- und Schmutzwasser in einer gemeinsamen Kanalisation geführt werden. Ein Gutteil der heutigen Belastung der Flüsse – zumindest in europäischen Großstädten – rührt von solchen Starkregenereignissen her, weil dann das Abwasser der überlasteten Kanalisation ungereinigt in die umgebenden Flüsse geleitet wird. Abhilfe würde geschaffen werden, wenn das weniger verunreinigte Regenwasser gar nicht in die Kanalisation geleitet werden müsste, sondern entweder lokal versickern oder zur Bewässerung von Gründächern und -fassaden genutzt werden könnte. Doch dafür müssten wir unser Verständnis von urbanem Grünraum überdenken: Einige Parks bestünden dann aus Flächen, die

Ressourcenverbrauch

Abfallaufkommen in den Megacitys

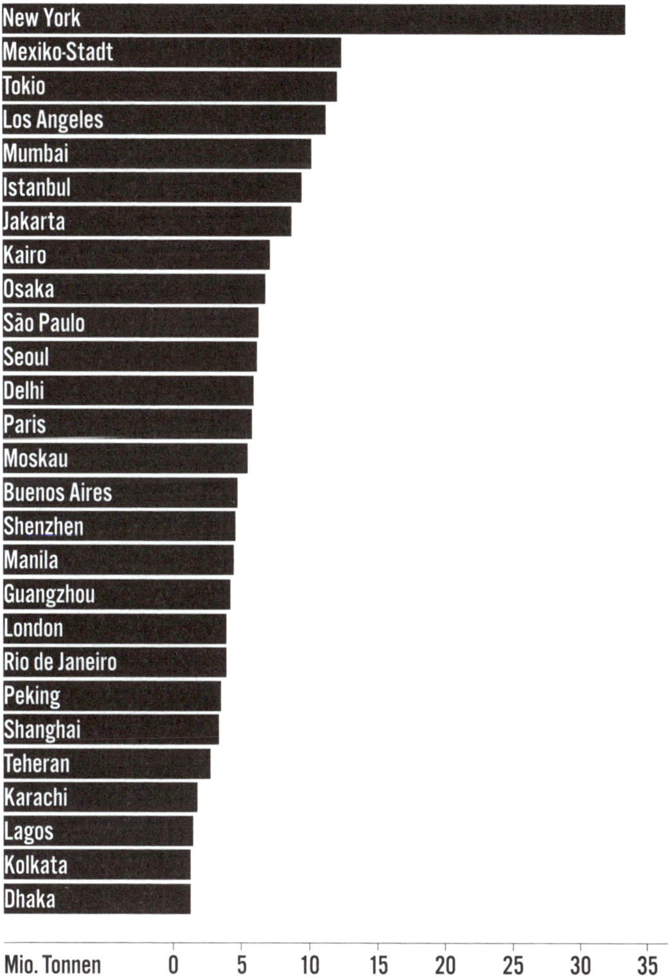

nicht mit Rasen, sondern Schilfarten bewachsen sind und die Fähigkeit haben, wie ein Schwamm Wasser aufzusaugen. Das Gleiche gilt für Straßen und Wege, die heute so angelegt sind, dass Wasser nicht gespeichert, sondern so schnell wie möglich abgeleitet wird. Auch hier könnten Überflutungszonen Wasser während eines Starkregenereignisses aufnehmen und langsam versickern lassen. Die Stadt Kopenhagen schafft beispielsweise mit dem **Wolkenbruchplan** gezielt Flächen für Rückhalt, Ableitung und Versickerung von Regenwasser.

Auch die Gebäude der heutigen Stadt haben meist keinen besonders intelligenten Umgang mit Wasser – weil es bislang unbegrenzt zur Verfügung stand. Nur in wenigen Gebäuden unterscheidet man heute schon zwischen Klar-, Schmutz- und Grauwasser. Klarwasser ist das saubere Wasser, das aus der Leitung kommt, Schmutzwasser das Abwasser, das zur Kläranlage fließt. Als Grauwasser bezeichnet man das Wasser, das man im Haus nach einer ersten Benutzung noch ein weiteres Mal verwenden könnte. Wasser, das man zum Händewaschen nutzt, so die Idee, kann man danach noch ein weiteres Mal für die Toilettenspülung verwenden, statt es direkt in die Kanalisation zu leiten – eigentlich intelligent, aber für die Zukunft doch zu kurz gegriffen. Denn unsere Fäkalien sind nicht nur Schmutzwasser, sondern Speicher wertvoller Rohstoffe. In Abwässern ist beispielsweise Phosphor enthalten, ein wichtiger Rohstoff für die Pflanzendüngung, der zukünftig über ein Rückgewinnungsverfahren in der urbanen Landwirtschaft eingesetzt werden könnte.

Die Stadt der Zukunft wird zumindest auch einen Teil ihrer Lebensmittel selbst produzieren müssen. Es gehört zur Logik eines Kreislaufes, dass man nicht nur alles, was man verbraucht, aufarbeitet, sondern auch nur das verbrauchen kann, was man produziert. Die Stadt der Zukunft braucht

Ressourcenverbrauch

Wasserverbrauch der Megacitys

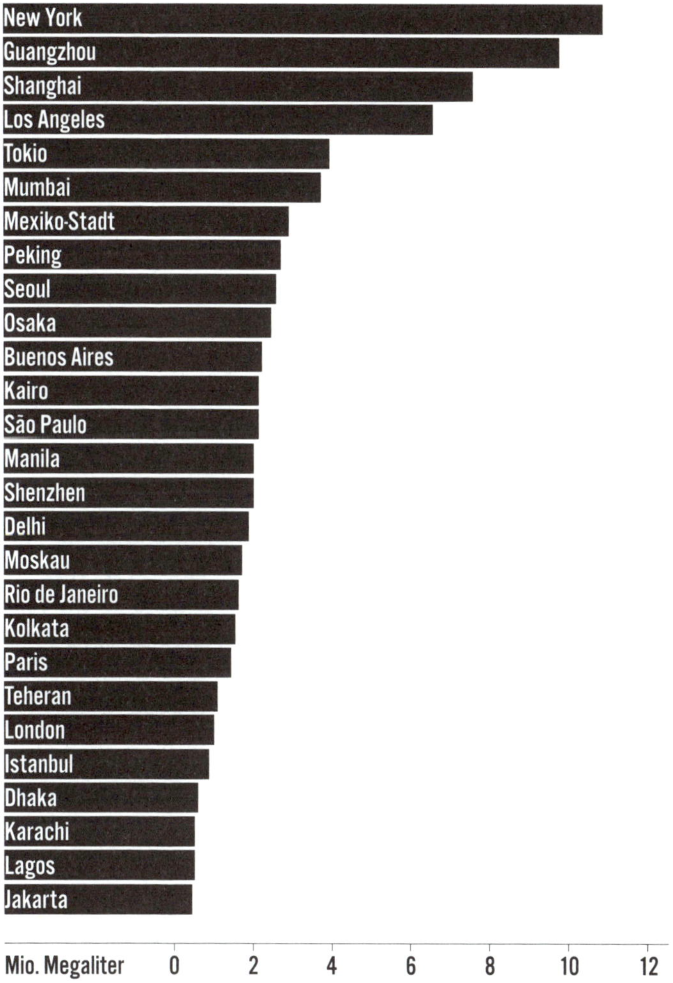

also Räume oder Flächen zur Nahrungsmittelproduktion, dem »Urban Farming«. Ansätze wie das Urban Gardening (**Prinzessinnengärten**) zeigen zwar spannende Entwicklungsmöglichkeiten auf. Doch viele Urban-Gardening-Projekte verharren auf einem tradierten Bild von Ernährung und Landwirtschaft. Wichtig für die Stadt der Zukunft ist, auch Nahrung und Nahrungsproduktion im Maßstab von Globalopolis zu denken. Es geht nicht nur um sozialaktivistische Bewusstmachung, sondern tatsächlich auch um die Produktion von Nahrungsmitteln. Wie also können in Städten auf ressourcenschonende Weise Nahrungsmittel produziert werden? Da die Bodenflächen in der Stadt knapp und teuer sind, müssen auch andere Flächen für die Nahrungsmittelproduktion genutzt werden. Vertikale Landwirtschaft kann auf Dächern betrieben werden, aber auch in Geschossbauweise oder sogar unterirdisch, wenn künstliche Belichtung genutzt wird. Auch hierfür gibt es bereits Beispiele. Mit **Growing Underground** in London ist eine unterirdische Farm in einem ehemaligen Tunnel entstanden. Im japanischen Kizugawa steht mit der **Techno Farm Keihanna** die weltgrößte automatisierte Indoor-Farm, die in mehreren Etagen und mit Kunstlicht auf Hydrokultur hauptsächlich Salat anbaut. Es gehört zu den Paradoxien der Gegenwart, dass nach dem Reaktorunglück in Fukushima in Japan die Nachfrage nach urbaner Hydrokultur gestiegen ist – sie gilt als strahlungsfrei. In New York zeigt **Brooklyn Grange**, wie man die Dächer der Stadt nutzen kann, und in Philadelphia erobert **Mycopolitan** den Untergrund der Stadt, um dort Pilze zu kultivieren.

Aber letztlich wird sich – vor dem Hintergrund ökologischer Ressourceneffizienz – in der Stadt der Zukunft auch die Ernährungskultur und nicht nur die Nahrungsmittelproduktion ändern müssen: Wenn es einfacher ist, in der Stadt

Algen, Pilze und Insekten zu züchten als Spargel, Mais und Rinder, dann sollte die urbane Ernährung der Zukunft auch auf Algen, Pilzen und Insekten basieren.

Eine weitere grundlegende Neuerung in der Stadt der Zukunft wird darin bestehen, dass die aufgezählten Kreisläufe nicht länger unabhängig voneinander betrachtet und ihnen nicht mehr verschiedene, funktionsspezialisierte Räume zugewiesen werden können. Für diese herkömmliche Lösung fehlt einerseits der Platz und andererseits bedingen sich die Kreisläufe gegenseitig. Weil es für die Globalopolis kein Außen gibt, muss alles in Kreisläufen gedacht werden, die sich gegenseitig stärken und unterstützen. In der Globalopolis werden deshalb verschiedene Funktionen und Kreisläufe miteinander kombiniert: Wasserreinigung mit Fischzucht, Spielplatz mit Versickerungsfläche, Gebäudekühlung mit Lebensmittelproduktion, Recycling mit Sport – eine Kultur der Hybridisierung, die man auch schon im Hier und Jetzt erproben kann.

Arbeit

Stadt ist ein Ort der Produktion. Das Wachstum der Städte, vor allem der westlichen Städte seit dem 19. Jahrhundert, ist ohne die Industrialisierung nicht denkbar. Doch in der postindustriellen Gesellschaft verschwinden die Fabriken aus der Stadt, Digitalisierung und Produktion 4.0 schreiben sich anders in die Stadt ein und stellen neue Anforderungen. Wer nicht Teil der privilegierten und besitzenden Eliten ist, kann sich das Leben in der westlichen Stadt zunehmend nicht mehr leisten. In der Stadt der Zukunft muss auch Arbeit neu gedacht werden.

Die europäische Stadt, wie wir sie heute kennen, ist ein Produkt der Industrialisierung. In der Stadt gab es Arbeit, weil dort Fabriken gebaut wurden. Die wichtigste Ressource, die von außen in die Stadt strömte, waren Arbeitskräfte. Doch diese Form von materieller Produktion ist in den letzten Jahren mehr und mehr aus den westlichen Städten verschwunden. Die materielle Produktion ist auf andere Kontinente abgewandert. Dort stehen die Werkbänke der Gegenwart, und dort wachsen neue Millionenstädte immer weiter. Zudem werden durch Digitalisierung und Automatisierung weltweit Arbeitsplätze im sekundären Sektor obsolet.

Die wertvollsten Waren, die in den Metropolen der Gegenwart gehandelt werden, sind Wissen und Service. Nicht mehr Arbeitszeit ist primär der zentrale Faktor, sondern Wissen und Kreativität. Der in den vergangenen Jahren vieldiskutierte Strukturwandel hin zu einer postindustriellen Dienstleistungsgesellschaft und die damit verbundene Verschiebung bzw. der Wegfall von Produktionsstätten und Arbeitsplätzen des sekundären Sektors hat grundlegende Auswirkungen auf die Verfasstheit der Städte.

Die Großstädte des globalen Nordens sind zu Orten der kreativen Eliten geworden. Städte werden als Marke angesehen, deren Image durch die Verbesserung weicher Standortfaktoren weiterentwickelt werden soll. Diese Wandlungsprozesse, die unter dem Stichwort Gentrifizierung diskutiert werden, bedeuten auf der anderen Seite für eine Mehrheit der Bewohner auch Einschränkung der Lebensmöglichkeiten, Prekarisierung und Arbeitslosigkeit – bis hin zu Vertreibung aus dem angestammten Viertel. Die Stadt, so könnte man formulieren, kann ihr Versprechen, der Mehrheit der Bevölkerung ein freies und besseres Leben zu bieten, heute nicht mehr einlösen. Im globalen Maßstab nehmen heute

Automatisierung

Automatisierungspotential einzelner Branchen in Prozent

die sozioökonomischen Verwerfungen in den Städten wieder zu.

Verstärkt werden der Strukturwandel und seine Phänomene durch die fortschreitende Digitalisierung und Automatisierung, die perspektivisch zu einem Wegfall von zeitbasierten Formen von Arbeit führen werden. Auch die jetzt noch aufgrund der Ansiedlung von klassischer industrieller Arbeit wachsenden Städte Ostasiens werden sich darauf vorbereiten müssen.

Was also tun? Während die mit der räumlichen und materiellen Gestaltung von Stadt befassten Disziplinen – von Design über Architektur bis Stadtplanung – auf Problemstellungen wie Ressourceneffizienz oder Klimawandel unmittelbare Antworten geben können, die entweder die Folgen dämpfen oder gar die Ursachen bekämpfen, fällt diesen Disziplinen heute der Umgang mit dem Phänomen Arbeit schwerer. Die Herausforderungen, die der Wandel der Arbeitswelt hervorbringt, können – anders als Fragestellungen des ökologischen, energiesparenden und klimagerechten Bauens – nicht technisch, räumlich oder gestalterisch beantwortet werden.

Ein Stichwort der aktuellen stadtpolitischen und urbanistischen Diskurse ist Reindustrialisierung. Diese Reindustrialisierung erfolgt durch die Ansiedlung von Produktionsstätten, die – anders als zu Zeiten der Industrialisierung im 19. Jahrhundert – ökologisch nachhaltig, sauber und nicht gesundheitsschädlich sind. Rapid Prototyping, Urban Farming, Handwerk, lokale Recycling- und Reparaturökonomien können die Wirtschaftsfelder einer materiellen Produktion der Zukunft sein, die in der Stadt angesiedelt ist. Vorteile wären kurze Distributionswege und die Nähe zum Kunden, so dass auf dessen Wünsche und Bedürfnisse spezifischer eingegangen werden kann. Kleine, flexible Produktionsstätten tragen

– wie im vorangehenden Kapitel beschrieben – dazu bei, dass die Stadt einen eigenen Stoffkreiskauf aufbaut. In Paris wird dieses Handeln bereits heute ausprobiert. Das Projekt **R-Urban** verfolgt das Ziel, auf Quartiersebene ökologische Kreisläufe aus Produktion, Verbrauch und Recycling zu errichten. Arbeit wirkt aber auch integrativ und ist wichtig, wenn es darum geht, Zuwanderern eine Perspektive zu geben. Das Sozialunternehmen CUCULA aus Berlin, bei dem Geflüchtete hochwertige Designobjekte herstellen, zeigt, dass auch urbane Produktionsstätten einen Beitrag zur gesellschaftlichen Teilhabe leisten können.

Die materielle Textur der Stadt würde sich durch derartige Formen von Reindustrialisierung nicht einmal großartig verändern; die neuen Produktionsstätten könnten in die Erdgeschosse einziehen, ohne dass dafür größere Änderungen an der Architektur vorgenommen werden müssten. Was aber einer Veränderung bedürfte, wären die Flächennutzungspläne, also die Regelung, wie welche Flächen genutzt werden dürfen. Und weil ein kleines, experimentelles Labor für 3-D-Druck oder ein Repair-Café nicht genauso viel Umsatz machen wird wie ein Backshop oder eine Latte-Macchiato-Bar, müsste es hier wohl auch finanzielle Förderungen geben, Maßnahmen also, die weniger architektonischer als ordnungspolitischer Natur sind.

Die andere vieldiskutierte Frage ist, wie viel Zeit welche Form von Arbeit im Leben der Stadtbewohner einnehmen soll. Die sich entsolidarisierende Gesellschaft fordert Flexibilität, jeder soll für sich selbst verantwortlich sein – und dadurch, so das Versprechen, sich selbst verwirklichen können. Das Verständnis von Arbeit – und damit auch die Struktur der Räume der Arbeit – erodiert von mehreren Seiten. Die Kehrseite der neoliberalen Flexibilisierung ist, dass Arbeitgeber in höherem Maße als bisher um kompetente Arbeitskräfte werben müssen. Diese sind, dem Dogma der »Selbstverwirklichung« folgend, immer weniger bereit, ihre Zeit und Kreativität in Kontexte einzubringen, die für sie keinen Sinn machen. Eine Reaktion auf diese »Sinnkrise« sind neue Arbeitsmodelle und -orte, in denen Raum und Zeit scheinbar enthierarchisiert werden und Kontrolle auf subtilerer Ebene stattfindet.

Große, sich als innovativ verstehende Unternehmen wie Google und Facebook in den Vereinigten Staaten oder Axel Springer in Berlin bauen Büroräume, die nach innen als offene Landschaft organisiert sind. Funktionsanforderung ist nicht mehr nur der optimale Ablauf von Arbeitsprozessen, sondern eine Atmosphäre, mit der sich Mitarbeiter und Dienstleister positiv identifizieren können. So gibt es nicht nur Arbeitsplätze, sondern auch Freizeitangebote und Gemeinschaftsräume. Damit entstehen aber auch nach außen abgeschlossene Campusse, die der Mitarbeiter nur noch zum Schlafen verlassen muss. Ziel ist, den Menschen, von deren Arbeit das Unternehmen profitiert, das Gefühl zu vermitteln, dass sie sich im Unternehmen selbst verwirklichen können. Nicht nur die Grenze zwischen Arbeit und Freizeit verschwimmt, sondern vor allem soll fremdbestimmte Lohnarbeit als selbstbestimmte, freiwillige Teamarbeit erlebt werden.

Weitere Arbeitslandschaften, die derzeit den althergebrachten Büroraum zu ersetzen beginnen, sind »Co-Working-Spaces« für flexible Dienstleister. Für unterschiedliche Auftraggeber arbeiten sie in unterschiedlichen Städten auf der Welt, überall finden sie einen temporären Arbeitsplatz, der gleichzeitig die Möglichkeit zur Vernetzung mit anderen flexibilisierten Arbeitskraft- und Ideenanbietern ermöglicht. Zum zeitgenössischen »Co-Working-Space« gehört neben gutem Kaffee und veganem bzw. vegetarischem Essensangebot natürlich auch eine Kinderbetreuung. Neben den Raumangeboten für flexible Arbeitsmodelle ermöglichen die neuen Kommunikationstools und digitale Arbeitsformen auch gänzlich ortsungebundenes Arbeiten. Estland bietet mit der **E-Residency** dafür eine digitale Staatsbürgerschaft an. Damit soll man von überall aus in Estland ein digitales Unternehmen gründen können.

Ob dieses Modell für alle gleichermaßen die Zukunft des Arbeitens sein kann, sei dahingestellt. Denn inzwischen werden Flexibilisierung, Mobilität und Entsolidarisierung auch auf breiter gesellschaftlicher Ebene kritisch hinterfragt, wenn nicht gar in Frage gestellt. Die Auseinandersetzung mit den Schattenseiten von Arbeit mündet in Diskussionen um neue Modelle wie das Grundeinkommen oder die richtige Work-Life-Balance, in denen die Frage aufgeworfen wird, welche Tätigkeit ein Leben mit Sinn erfüllen kann und welche Rolle Arbeit in einem gelingenden Leben spielen sollte.

Auch wird in diesen Diskussionen verhandelt, ob vor dem Hintergrund der Digitalisierung und Automatisierung ein Leben ohne (körperliche Erwerbs-)Arbeit vorstellbar ist, welche Rolle soziales Engagement und gemeinschaftliches Handeln einnehmen sollen und welche neue Formen von Arbeit, zum Beispiel im sozialen und ökologischen Kontext, als sinnstiftende Tätigkeit gesellschaftlich akzeptiert werden können und sollen.

Auf den ersten Blick können die gestaltenden Disziplinen zu dieser Entwicklung nur begrenzt etwas beitragen. Doch führt man sich vor Augen, dass der Quellcode von Stadt auf Ausbeutung der Umwelt und Überproduktivität beruht, während eine Gesellschaft der Zukunft den Umgang mit materiellen, zeitlichen und psychischen Ressourcen neu regelt, wird auch unser überkommenes Bild der räumlichen Produktion von Stadt in Frage gestellt. Auch hier bieten die radikalen Architekturen der 1960er Jahre Anhaltspunkte. **New Babylon** nannte der niederländische Künstler Constant seine Stadtvision, bei der das Spielerische im Vordergrund stand, eine Stadt, die sich permanent verändert und transformiert.

Globalopolis könnte auch eine solche sich permanent verändernde Stadt sein, eine Stadt, in der wir ganz anders leben, als wir es heute tun. Arbeit wird nicht mehr das Wichtigste sein. Viele Tätigkeiten werden überflüssig sein, weil die Gesellschaft nicht mehr auf Überproduktion hinarbeitet. Für andere Tätigkeiten werden Menschen nicht mehr benötigt, weil sie autonom, maschinenintelligent, automatisch erfolgen. Statt an einem Mangel an Zeit zu leiden, werden die Bewohner frei sein, zu tun – und vor allem zu lassen –, was sie wollen. Arbeitslosigkeit wird nicht als Schreckensbild, sondern als Normalzustand wahrgenommen werden: abhängen, rumträumen, Spaß haben und nichts tun. Weil man vieles davon nicht alleine tut, wird die Globalopolis der Zukunft viele öffentliche und gemeinschaftliche Räume brauchen.

Für die Architekten einer solchen Gesellschaft, die sich nicht mehr als expansiv versteht, entstehen daraus neue Aufgaben: Umbauen statt Neubauen, ja, vielleicht sogar das Planen von Neubauvermeidung sind dann Kompetenzen, die an die Stelle der kreativen Allüren der heute noch immer dominanten Stararchitekten treten werden. Es wäre nicht falsch, sich in diesen Fähigkeiten schon heute zu üben.

Wohnen

Wohnen in der Stadt der Gegenwart wird immer teurer. Inzwischen gibt es viele interessante Ansätze, die neue Wege abseits der klassischen Eigentumsverhältnisse erproben. In diesen Projekten werden teilweise auch neue Gemeinschaftsformen praktiziert, in denen die Grenzen von Privatheit und Öffentlichkeit neu bestimmt werden.

Seit den 1870er Jahren wird die Wohnungsfrage in Europa intensiv diskutiert. In den aufstrebenden Industriestaaten herrschte schon damals Wohnungsnot unter den Arbeitern und kleinen Angestellten. Familien wohnten, oft mit mehreren Generationen, auf kleinen Flächen. Die Lebensbedingungen in den Städten waren schlecht. Doch wie für alle Menschen menschenwürdigen Wohnraum bereitstellen? Die Antwort der Architekten und Stadtplaner war damals: industrialisierter Massenwohnungsbau. Nach dem Ersten Weltkrieg entstanden Großsiedlungen, von denen manche zum UNESCO-Weltkulturerbe zählen, aber heute meistens nicht mehr als Räume mit hoher Lebensqualität angesehen werden.

Heute, mit dem Abbau der westlichen Wohlfahrtsstaaten, stellt sich diese Frage erneut – allerdings unter anderen Vorzeichen. In den reichen westlichen Ländern ist die verfügbare Wohnfläche pro Person im vergangenen Jahrhundert konstant angestiegen. In der Bundesrepublik hat sich die durchschnittliche Wohnfläche zwischen 1965 und heute von circa 23 Quadratmetern auf über 46 Quadratmeter pro Person verdoppelt.

Zu dieser Entwicklung tragen sowohl veränderte Familienstrukturen (mehr Ein- und Zweipersonenhaushalte, die trotzdem mit Küche und Bad ausgestattet sind und damit einen höheren Pro-Kopf-Quadratmeterverbrauch haben als eine

Wohnung, in der vier, fünf, oder sechs Personen wohnen), ein gestiegener Anspruch an die Wohnqualität (die sich dann vor allem in Wohnfläche ausdrückt) und flexibilisierte Arbeitsverhältnisse (die mehrere Wohnorte erfordern) bei.

Gleichzeitig wird das Leben in der Stadt immer teurer, viele Menschen können es sich nicht mehr leisten. Auch Obdachlosigkeit nimmt zu, in den Millionenstädten ist es nicht unüblich, dass Menschen, die im Niedriglohnsektor arbeiten, mehrere Stunden täglich unterwegs sind, um zu ihrem – innerstädtischen – Arbeitsplatz zu kommen. Zudem ist noch immer der Wunsch nach Einfamilienhäusern verbreitet, dem global verbreiteten »American Dream« der Wohnkultur. Diese Wohnform frisst Fläche und erfordert hohe (Auto-)Mobilität – beides ist ökologisch unvorteilhaft. Für die Stadt der Zukunft gilt es deshalb, neue Wohnformen zu entwickeln, die dichtes, urbanes Wohnen attraktiv und bezahlbar macht. Dafür muss auch das Konzept Wohnen überdacht werden. Wie viel Platz braucht eine Person? Muss jede Wohnung eine eigene Küche haben, oder kann man sie sich teilen? Braucht jede Wohnung ein Wohnzimmer, oder ist hier eine post-bürgerliche Wohnkultur ohne Repräsentationsbedürfnis vorstellbar?

Schon heute lässt sich beobachten, dass das Konzept Wohnen starken Veränderungen ausgesetzt ist. Die oben beschriebene Flexibilisierung der Arbeitsverhältnisse führt dazu, dass Menschen an mehreren Orten wohnen, manchmal für länger, manchmal auch nur für kurze Zeit.

Mikroapartments und »Co-Living« genannte, geschäftsmäßig organisierte Weiterentwicklungen der Wohngemeinschaft sind erste Reaktionen auf diese Verschiebung. Es gibt aber auch Architekten, denen es gelingt, aus der (vermeintlichen) Not eine Tugend zu machen und aus minimalistischem Umgang mit Raum neue Wohnqualitäten zu schaffen,

Wohnfläche

Durchschnittliche Wohnfläche je Einwohner in Quadratmetern

wie zum Beispiel der japanische Architekt Ryūe Nishizawa mit dem Moriyama House. Die Reduktion von Wohnfläche und gemeinschaftliche Nutzung von Räumen führen zur Stärkung der Nachbarschaft.

Eine andere Bewegung, in der sich die Veränderung der Wohnformen zumindest symbolisch ausdrückt, ist der aktuelle Hype um sogenannte Tiny Houses, kleine mobile Wohneinheiten, mit denen man ortsungebunden wohnen kann – die ideale »Immobilie« für den mobilen, flexiblen Jobnomaden.

Doch letztlich sind diese experimentellen Wohnformen eine Reaktion auf ein anderes Grundproblem: Wohnen wird, zumindest in den Großstädten, immer teurer. Raum zu minimieren oder ins Ungefähre, in die eigene Mobilität zu entweichen, ist dafür keine Lösung. Es braucht auch Ansätze, wie man günstigen oder bezahlbaren Wohnraum in der Stadt für alle schafft – und dies scheint nur möglich zu sein, wenn man Wohnraum den spekulativen Interessen von Immobilieninvestoren entzieht. Die Debatte reicht hierzulande von der Mietpreisbremse bis zur Enteignung von großen Wohnungsunternehmen. Es gibt aber auch Ansätze, in denen sich mutige architektonische Entscheidungen und sozial orientierte organisatorische Strukturen gegenseitig befruchten. So bilden Wohnraumsuchende etwa zusammen Baugruppen, um jenseits der üblichen Marktmechanismen zu Wohnraum zu kommen. Auch Genossenschaften erleben derzeit eine Renaissance.

Baugruppen beruhen auf Privateigentum: Menschen, die eine selbstbewohnte Eigentumswohnung besitzen wollen, aber am Markt keine finden, schließen sich zu Gruppen zusammen, um gemeinsam ein städtisches Haus zu errichten. Architekten planen dann nicht für den Marktstandard, sondern für die spezifischen Bewohner. Die Folge ist, dass viele Baugruppenprojekte auch hochwertige gemeinschaftliche Räume aufweisen, weil sie von der Gemeinschaft als Wert für alle angesehen werden. Es gibt heute schon Städte, die sich bei der Vergabe öffentlicher Grundstücke nicht für den Höchstbietenden, sondern im sogenannten Konzeptverfahren für den Bewerber mit dem anspruchsvollsten Konzept entscheiden. Vergabekriterien können dann neben gemeinschaftlichen und öffentlichen Räumen auch ökologische Aspekte sein.

Andere Akteure organisieren sich nicht in Baugruppen, sondern in Genossenschaften. In dieser Form sind einige der innovativsten Wohnprojekte der letzten Jahre entstanden. Beispielsweise die Kalkbreite in Zürich, bei der es unter anderem Wohnungen für WGs oder Großfamilien gibt, Kleinstwohnungen, die sich um eine gemeinsame Küche gruppieren, und sogenannte Wohnjoker, Zimmer, die bei vorübergehend gestiegenem Raumbedarf (beispielsweise pflegebedürftige Eltern oder neue Partner) temporär dazugemietet werden können. Wichtig ist der Kalkbreite auch, dass es viele und große Gemeinschaftsflächen gibt, die der Vereinsamung entgegenwirken. Um diese Extras finanziell zu ermöglichen, reduzieren alle Bewohner ihre Wohnfläche.

Je teurer das Wohnen in Städten wird, desto mehr nimmt auch die soziale Segregation zu. Neue Wohnformen zu entwickeln, in denen unterschiedliche soziale Gruppen und auch Altersgruppen zusammenleben können, wird für die Stadt der Zukunft besonders wichtig sein. Wie das gehen kann, zeigt VinziRast-mittendrin in Wien – dort leben Studierende und ehemalige Obdachlose in Wohngemeinschaften zusammen.

Für die Stadt der Zukunft muss man aber noch radikaler über Änderungen im Wohnen nachdenken. Wir hoffen, dass man in der Globalopolis der Zukunft viel freier leben und wohnen wird, als wir es heute tun. Warum wird Wohnen oft statisch gedacht, auf Jahre festgelegt? Gerade vor dem Hintergrund des Fortschreitens der Reproduktionsmedizin stellt sich die Frage, wie lange das Wohnmodell Familie noch sinnvoll bestehen wird – und sich in dessen Ablösung nicht völlig neue Formen von temporärer Gemeinschaft entwickeln. Hier kann eine Auseinandersetzung mit alternativen Wohnformen, wie sie schon im 19. Jahrhundert diskutiert wurden, sehr anregend sein. **Phalanstère** nannte beispielsweise der romantische Frühsozialist Charles Fourier landwirtschaftliche Wohnkommunen, in denen die Bewohner frei leben, lieben und arbeiten sollten.

Wenn wir uns die Globalopolis als weltumspannende Stadt vorstellen, stellt sich aber auch die Frage, ob wir den Zustand des »Wohnens« und die Möglichkeit von »Freiheit« nur Menschen zuschreiben, oder ob wir im Sinne des Anthropozäns nicht auch über das Wohnen der Tiere und Pflanzen nachdenken müssen. Denn wenn es keinen natürlichen Lebensraum mehr gibt, sondern nur noch vom Menschen überformte Räume, stellt sich die Frage, wie eine geeignete Lebensumwelt für Tiere und Pflanzen geschaffen werden kann. Welche Gestaltungsqualität müssen die Orte und Räume haben, in denen Tiere und Pflanzen sich aufhalten?

Und auch über die Stätten der Götter und Geister sowie die Orte ihrer Verehrung wird man sich neue Gedanken machen müssen, wenn man die Globalopolis als pluriversal begreift. Jene Wesen und Vorstellungen, die durch das technizistisch-ökonomische Denken der Moderne aus unserem Bewusstsein vertrieben worden sind, werden in einer pluriversalen Stadt auch Orte und Räume benötigen.

Projekte wie das **House of One** in Berlin, ein gemeinsames Haus für die drei monotheistischen Religionen, mögen trotz aller Kritik und aller Unzulänglichkeiten erste Ansätze in diese Richtung sein. Die Konflikte, die man zum Beispiel in den USA zwischen den ökonomischen Interessen der Ölindustrie und den indigenen Völkern beobachten kann, machen aber deutlich, dass der Weg in eine gleichberechtigte, pluriversale Gesellschaft noch weit ist – auch weil der Westen nach wie vor in seinem universalistischen Denken gefangen ist.

Eigentum

Eigentumsverhältnisse beeinflussen die Entwicklung der Stadt maßgeblich. Um allen das Leben in der Stadt zu ermöglichen, kündigt die Stadt der Zukunft die konventionellen Vorstellungen von Eigentum auf. Weil sie sich als offene Stadt versteht, in der keine – oder möglichst wenig – Herrschaft ausgeübt wird, verabschiedet sie sich von der Vorstellung, Grund und Boden könnten jemandem gehören. Die Stadt der Zukunft gehört allen Bewohnern.

Vor rund 100 Jahren versuchte man verstärkt, die Wohnungsfrage zu lösen. Vor dem Hintergrund der Demokratisierungswellen nach dem Ersten Weltkrieg erschien es umsetzbar, neuen, qualitativ höherwertigen und bezahlbaren Wohnraum für die Masse der Bevölkerung zu schaffen. Der Bau von bezahlbaren, oft lebensreformerischen Ideen verpflichteten Siedlungen war eine der zentralen Fragen der europäischen Stadtentwicklung ab den 1920er Jahren. Die Wohnungsfrage war dabei nicht nur eine architektonische, gestalterische oder ökonomische Frage, sondern immer auch verbunden mit gesellschaftspolitischen Zielen. Träger dieser Entwicklung waren zumeist Genossenschaften. Doch die sogenannte »Wohnung für das Existenzminimum« wurde von politisch radikalen Kräften immer als Beschwichtigungspolitik kritisiert, die die Massen davon abhalten sollte, die Eigentumsfrage zu stellen.

Denn die Struktur von Stadt ist wesentlich von den Eigentumsverhältnissen geprägt. Eine Stadt, die aus kleinen Parzellen in Privatbesitz besteht, sieht anders aus als eine Stadt, deren Bebauung sich im Eigentum der Bevölkerung befindet, und auch anders als eine Stadt, deren Blöcke großen Wohnungsunternehmen gehören, die Profite erwirtschaften müssen. Ein Gebäude, das von einer Baugruppe finanziert wird, deren Mitglieder darin selbst wohnen wollen, sieht anders aus als ein Haus, das von einem Immobilienentwickler gebaut wird, um danach Eigentumswohnungen zu verkaufen. Ein Wohnviertel sieht anders aus als ein Geschäftsviertel. Die Frage, die die Zukunft von Stadt wesentlich bestimmt, lautet deshalb, um den bekannten Slogan der stadtaktivistischen Bewegung aus dem letzten Jahrzehnt aufzugreifen: »Wem gehört die Stadt?« – und welche neuen Formen von Eigentum sind vorstellbar?

»Wem gehört die Stadt?« ist also eine ökonomische und politische Frage, deren Antwort direkten Einfluss auf die Gestaltung von Stadt hat. Unabhängig davon, ob wir von rechtlichem oder symbolischem Eigentum sprechen, sind daran Grundfragen der Stadtentwicklung geknüpft. Die erste lautet: Wer entscheidet, was gebaut wird? Aus der Perspektive, dass die Stadt allen Bewohnern gehört, ergibt sich der Anspruch auf einen Aushandlungsprozess, der die Interessen aller berücksichtigt – und daraus ableitet, was gebaut wird. Aus der Perspektive, dass es Investoren gibt, die selbst frei darüber entscheiden können, was sie mit ihrem Grund und Boden machen oder eben nicht, stellt sich die Frage nach dem Aushandlungsprozess nicht. Vielmehr stellt sich aus dieser Per-

Grenzüberschreitende Immobilieninvestitionen

Kapitalfluss der Immobilieninvestitionen 2016 (in US-Dollar)

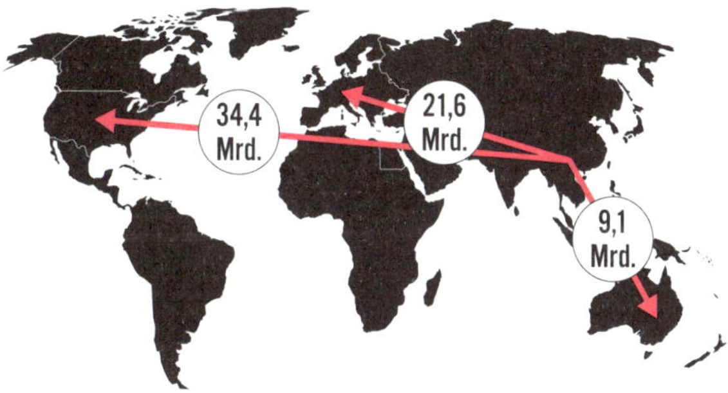

Aus Asien in die USA, nach Europa und Ozeanien

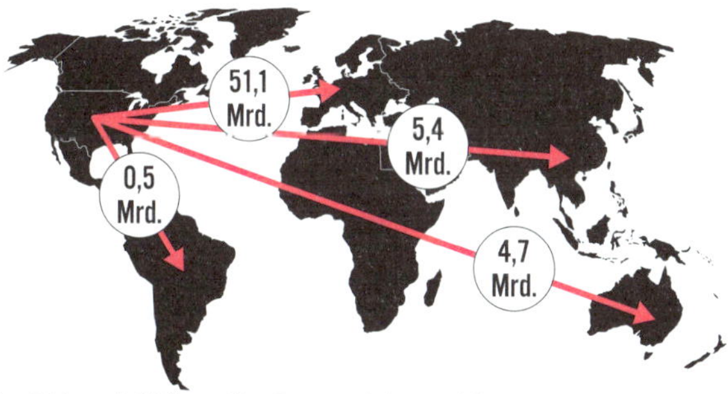

Aus den USA nach Südamerika, Europa, Asien und Ozeanien

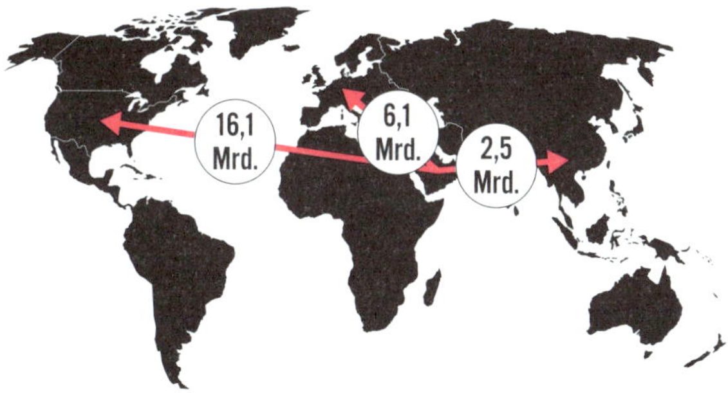

Aus dem Nahen Osten in die USA, nach Europa und Asien

spektive eine andere Frage, nämlich warum man bauen will: aus Profitinteresse, für den eigenen Bedarf, aus Gründen der Repräsentation und so weiter.

Die Stadtentwicklung der Gegenwart versucht, diesem Gegensatz durch ordnungspolitische Vorgaben zu entkommen, indem sie vorschreibt, was wo in welcher Art und Weise gebaut werden darf und was nicht. Zudem sieht sie mehr oder weniger wirkungsvolle Beteiligungsprozesse vor. Die Praxis der Stadt der kapitalistischen Gesellschaft ist eine Mischung aus ordnungspolitischen Vorgaben und privaten Interessen: Auf der einen Seite steht eine übergeordnete, mehr oder weniger ausgehandelte, aber vom Anspruch her die Interessen der Allgemeinheit vertretende Perspektive, auf der anderen Seite das Einzelinteresse, aus welchem Grund auch immer ein Gebäude errichten zu wollen. Diese Differenz zwischen öffentlichem und privatem Interesse ist Grundlage der heutigen westlichen Stadt, wie sie 1748 Giovanni Battista Nolli exemplarisch festhielt. Er zeichnete einen Plan von Rom, bei dem er alle Gebäude schwarz und alle frei zugänglichen Flächen weiß zeichnete. Seither ist der sogenannte Schwarzplan ein wichtiges Instrument in der Planung geworden, weil er das Wesen des Eigentums – den Unterschied zwischen bebaut und unbebaut, und damit letztlich den zwischen privat und öffentlich – graphisch verdichtet.

Doch für die Fragestellungen der Zukunft hilft uns der Schwarzplan nicht mehr weiter. Nicht nur, dass er zweidimensional ist – ihm fehlt auch die vierte Dimension, die Zeit. Die Räume in der Stadt der Zukunft werden ihre Funktion den tageszeitabhängigen Bedürfnissen anpassen. Ein Schulhof, der tagsüber Schülern vorbehalten ist, kann nachts ein öffentlicher Park sein, ein hängender Garten in einem Hochhaus tagsüber öffentlich und nachts privat und so weiter.

Doch vielleicht hilft uns der Schwarzplan auch deshalb nicht mehr weiter, weil wir die schwarzweiße Dichotomie von Öffentlichkeit und Privatheit für die Konzeption einer zukünftigen Stadt hinter uns lassen müssen. Im Kapitel »Wohnen« haben wir die **Kalkbreite** in Zürich stellvertretend für eine Vielzahl von Beispielen vorgestellt, die sich vom Privateigentum lösen und Wohnen genossenschaftlich organisieren. Doch vielleicht greift auch dieses Modell zu kurz, denn irgendwie bleibt es immer noch dem Begriff des Eigentums verhaftet. Was, wenn wir auf die Vorstellung von Privateigentum grundsätzlich verzichten? Zu Beginn haben wir die Geschichte von Stadt betrachtet, von ihrem Quellcode gesprochen. Zu ihm gehört die Vorstellung von Eigentum, von Wertsteigerung, von Profit. Die Realität der Gesellschaft, in der wir leben, basiert auf diesem Code. War Stadtplanung bislang eine Domäne des Staates, der, mehr oder weniger, den Anspruch hatte, allgemeine Interessen zu vertreten, wird Stadtplanung heute ein interessantes Geschäftsfeld für global agierende Konzerne. Ein Beispiel dafür ist Alphabet, der Mutterkonzern von Google, der sich neuerdings auch in der Stadtplanung engagiert. Gerade beim Bau und der Planung der »Smart City« bieten sich neue Geschäftsfelder, denn die smarte Stadt wird nicht nur gebaut, sondern muss »maintained«, »managed« und »facilitated« werden – kurzum: Die smarte Stadt ist ein fortlaufendes Geschäftsmodell.

Doch ist das die Stadt der Zukunft, in der wir leben wollen? Eine Stadt, die ein Geschäftsmodell ist? Eine Stadt, die wie eine Turnschuhmarke einen bestimmten Lifestyle verspricht? Eine Stadt, die Eigentum eines Unternehmens ist, von dem wir uns für temporäre Nutzungen Lebensraum mieten? Und das ganz nebenbei noch unsere Daten abgreift?

Grundlage all dieser neuen ökonomischen Konzepte ist die

Vorstellung, dass Land, Grund und Boden jemandem gehören können. Auf Basis dieses Besitzes lässt sich Geld verdienen. Damit wird Stadt zum Geschäftsmodell. Doch hilft uns diese Vorstellung dabei, ein sinnvolles Leben zu gestalten? Zum Glück gibt es Akteure, die Gegenmodelle entwickeln und, wie beispielsweise die Schweizer **Stiftung Edith Maryon**, Grundstücke kaufen, um sie der Spekulation zu entziehen. In Berlin werden derzeit Unterschriften für ein Volksbegehren gesammelt, das die Vergesellschaftung der Berliner Wohnungen großer Immobilienkonzerne zum Wohle der Allgemeinheit fordert. Dann könnten Wohnungen enteignet werden – so wie es für den Bergbau oder Straßenbau seit Jahrzehnten getan wird.

Für die Stadt der Zukunft gilt es, andere Besitzformen als Eigentum zu finden, die weniger absolut sind, weicher, gemeinschaftlich und offen für die Interessen und Bedürfnisse anderer Menschen, aber auch für andere Spezies. Denn wenn wir die Stadt als Raum der Freiheit und der Offenheit denken wollen, müssen wir uns von den etablierten Formen der Herrschaft verabschieden.

Sicherheit

Sicherheit ist, neben Freiheit, eines der zentralen Versprechen von Stadt. Im Mittelalter schützte das Stadtrecht die Bürger vor dem Zugriff der Landesherren. Und die Stadtmauern schützten vor Angriffen von außen. Sie dienten dem Schutz der eigenen Freiheit. Doch in einer global vernetzten Welt führt ein Zuviel an Sicherheit zu einem Verlust von Freiheit. Globalopolis muss Unsicherheit zulassen, um ihre Offenheit und die Freiheit ihrer Bewohner zu bewahren.

Historisch war die Stadt ein Ort, der sich von seiner Umgebung abgrenzte. Schon die ersten großen Städte, wie das mesopotamische Uruk vor 6000 Jahren, schützten sich mit Mauern. Auch wenn es nicht mehr zeitgemäß scheint, eine Stadt mit Mauern zu umgeben, werden trotzdem intensiv Sicherheitsmaßnahmen diskutiert. Sicherheit ist eines der Buzzwords des politischen Diskurses über Stadt. Infolge eines Terroranschlags oder einer Naturkatastrophe steigen die Investitionen in Sicherheit, neue Überwachungssysteme werden installiert, Sicherheitskräfte eingestellt und bauliche Sicherheitsmaßnahmen getroffen, wie beispielsweise das Aufstellen von Pollern.

Und auch Mauern und Zäune gibt es in Städten wieder vermehrt, vielleicht weniger in der Bundesrepublik, aber in vielen anderen Ländern, in denen sich die Ober- und Mittelschichten als »Gated Communities« von dem umgebenden, als bedrohlich wahrgenommenen Stadtraum abgrenzen. Und umgekehrt gibt es, beispielsweise in Rio de Janeiro, auch Slums und Wohngebiete, die von einer Mauer wie ein mittelalterliches Ghetto eingeschlossen werden.

Doch neben diesen drastischen Maßnahmen vollzieht sich auch eine weniger offensichtliche Versicherheitlichung des urbanen Raumes. Sie legitimiert sich nicht primär über das Thema Sicherheit, sondern argumentiert mit Ressourceneffizienz und Klimaschutz. Die Rede ist von der »Smart City«. Unter diesem Begriff wird eine Vielzahl von Konzepten diskutiert, die eines eint: Durch die Nutzung neuer Technologien sollen der Ressourcenverbrauch reduziert, die Lebensqualität in Städten erhöht und neue Dienstleistungen entwickelt werden. Dazu wird die Stadt mit Sensoren überzogen, die Bewegung, Luftqualität, Lärm etc. messen – und die erhobenen Daten als Grundlage für Steuerung benutzen. Doch noch ist relativ offen, wer auf welche Weise die Daten erhebt, mit Hilfe derer die »Smart City« gesteuert und reguliert werden soll. Und mit der Idee, die Stadt mit empfindlicher Mess- und Steuerungstechnik zu überziehen, steigt natürlich auch die Notwendigkeit, diese vor etwaigen Angriffen zu schützen. Die Kontrollgesellschaft legitimiert die Kontrolle am Ende selbst.

Der Begriff Sicherheit bezieht sich nicht nur auf menschliches Handeln. Stadt muss sich auch vor Umweltkatastrophen schützen. War das historisch vor allem der Brandschutz, wird dies in Zukunft für viele Städte vor allem der Schutz vor den Folgen des Klimawandels sein, wozu Hochwasser, Starkregen, Stürme, Kälteeinbrüche, Hitzewellen und andere Extremwetterereignisse zählen. Städte beginnen deshalb, Überflutungsgebiete einzuplanen, in denen Wellen gebrochen und Wasser wie in einem Schwamm aufgesogen wird.

Im Idealfall sind diese Maßnahmen nicht singulär, sondern Teil einer größeren Stadt- und Landschaftsplanung, wie sie im Abschnitt »Ökosystem« beschrieben wurde – ein multifunktionaler Raum, der auf Extremwetter reagieren kann, aber auch die alltägliche Lebensqualität verbessert. Bereits erwähnt haben wir den **Wolkenbruchplan** von Kopenhagen. Auch New York sucht derzeit nach Ideen für Schutzinfrastrukturen. Bei dem Projekt **Big U** soll ein unsichtbarer Hochwasserschutz in Form von öffentlichen Flächen, wie Skateparks, Vogelschutzgebieten, Spazierwegen oder urbanen Farmen geschaffen werden.

Doch neben allen technischen Maßnahmen muss Stadt auch auf einer psychologischen Ebene resilient, also widerstandsfähig, werden (**Resilient Cities**). Sie muss ihre Bürger in einen Zustand der Widerstandsfähigkeit versetzen, damit sie krisenresistent sind und in Stresssituationen souverän und handlungsfähig bleiben. Einen Beitrag dazu leisten Maßnahmen, die lokale Netzwerke stärken, die Menschen zusammenbringen und helfen, eine lokale Gemeinschaft zu entwickeln. Damit kann man zwar keine Naturkatastrophen verhindern, aber, so die Hoffnung, Gewalt von Menschen an anderen Menschen. So ist die wirkungsvollste Maßnahme für mehr Sicherheit in der Stadt nicht die Überwachungskamera oder der bewaffnete Wachmann, sondern attraktiver, gemeinschaftlich genutzter Raum, in dem soziales Miteinander gelebt wird und wo sich gegenseitig unterstützende Gemeinschaften entstehen können.

Auch das ist eine Zukunftsaufgabe, die schon in der Gegenwart wichtig ist.

Partizipation

Die Stadt der Zukunft wird nicht von wenigen geplant, sondern von allen. Es braucht weniger Top-down-Planung und mehr Bottom-up-Prozesse.

Einer der Ursprünge der »Recht auf Stadt«-Bewegung war die Forderung nach mehr Beteiligung an Stadtplanungsprozessen. Die klassische Bürgerbeteiligung befragt die Bevölkerung erst, nachdem die grundlegenden Entscheidungen – ob gebaut wird, was gebaut wird, wie es genutzt werden soll – bereits getroffen wurden. Mitbestimmung ist somit nur in einem sehr begrenzten Maße möglich. Immer wieder zeigt sich jedoch, dass sich die Stadtbevölkerung mehr Mitbestimmung wünscht und diese auch einfordert. In Hamburg widmet sich die PlanBude dieser Aufgabe sehr erfolgreich. An die Stelle der heute üblichen Beteiligungsverfahren hat sie das Modell der »Wunschproduktion« gesetzt. Bevor Investoren und Architekten mit Planungen beginnen, sollen die Bürger ihre Wünsche für den Stadtteil entwickeln, auf denen dann die weiteren Planungen aufbauen.

Partizipation bedeutet aber noch mehr. Hierzu zählt auch, Themen auf die politische Agenda zu setzen, die von den politischen Handlungsträgern nicht verfolgt werden, obwohl eine Mehrheit der Zivilgesellschaft eine Veränderung wünscht. In Umfragen zeigt sich beispielsweise immer wieder, dass die Mehrheit der Städter sich weniger Autoverkehr in den Städten wünscht. In Berlin setzt sich die Bürgerinitiative »Volksentscheid Fahrrad« für einen Wandel in der Mobilitätspolitik ein. Auf die Ankündigung hin, man wolle mit einem Volksbegehren ein Fahrradgesetz verabschieden, zeigte der Berliner Senat Verhandlungsbereitschaft und übernahm zahlreiche der Forderungen in sein neues Mobilitätsgesetz.

Beteiligung kann aber auch Transparenz bedeuten, wie das Beispiel des Bürgerhaushaltes zeigt. Die Kommune legt den Haushalt offen und lässt die Bevölkerung beim Einsatz der finanziellen Mittel mitbestimmen. Ein anderer Versuch, die Verkrustungen des bestehenden Beteiligungssystems zu durchbrechen, ist das Konzept der Bürgerexperten oder Planungszellen, in denen – in Rückgriff auf das alte demokratische Verfahren des Losens – per Zufall ausgewählte Bürger gemeinsam über Probleme beraten und schließlich Entscheidungen treffen.

Beteiligung ist ein Prozess, der auch anstrengend und zeitaufwendig ist. Doch er lohnt sich. Die Stadtbevölkerung ist vielfältig und kennt die Stadt gut – es gibt viele lokale Experten mit eigenen Meinungen. Historisch hat sich gezeigt, dass Planung vom Reißbrett nicht funktioniert. Transformation kann nur gemeinsam gelingen. Um diesen dialogischen

Prozess auch ohne persönliche Anwesenheit zu ermöglichen, versuchen einige Städte, durch die Nutzung von digitalen Technologien mehr Partizipation zu ermöglichen. So wurden im Rahmen des EU-Forschungsprojektes D-Cent verschiedene Software-Werkzeuge entwickelt, um direkte Demokratie zu fördern, beispielsweise Abstimmungstools und Kommunikationsplattformen für Bürgerbeteiligungen und -initiativen. Insbesondere die Idee der »Smart City« wird sich in dieser Hinsicht noch weiterentwickeln müssen. Bislang sind die Konzepte eher technokratisch und Top-down gedacht und spiegeln viel zu wenig die urbanen Realitäten wider. Urbane Digitalisierung muss auch mit dialogischer Demokratisierung einhergehen.

Gerade in Zeiten globaler Migration müssen Städte aber auch darüber nachdenken, inwieweit sie ihre Bewohner als Bürger begreifen. Denn auch in den sich als liberal und offen verstehenden Demokratien des Westens sind viele Bewohner von gesellschaftlicher und politischer Teilhabe ausgeschlossen. Auch Menschen ohne Pass und Aufenthaltserlaubnis Teilhabe zu ermöglichen, ist Ziel des Netzwerkes **Solidarity Cities**, in dem sich inzwischen viele Städte zusammengeschlossen haben.

Wen man wie an welchen Prozessen der lokalen Politik und Stadtentwicklung beteiligt, ist eine der Kernfragen der zukünftigen Stadtplanung. Was dafür die richtigen und die zielführenden Ansätze sind? Das kann man nur erproben. Entweder indem die Stadtverwaltung – wie bei D-Cent – neue Formen ausprobiert, oder indem die Bewohner sich ihre Mitsprache erkämpfen.

Ästhetik

Die Stadt der Zukunft steht zu ihrer Heterogenität. Sie möchte kein einheitliches ästhetisches Bild vermitteln, sondern ist absichtlich unabgeschlossen. Sie lässt Lücken und Freiräume, in denen Neues entstehen kann. Sie ist Werkstatt und Übungsraum. Denn wenn in der Gegenwart schon alles entschieden ist, gibt es keine Optionen mehr für die Zukunft.

Was ist der ästhetische Ausdruck der Globalopolis? Ist sie schön, oder ist sie hässlich? Wie verleiht man der Offenheit einer offenen Gesellschaft ästhetischen Ausdruck?

Eine Ausdrucksform der offenen Gesellschaft ist vielleicht eine Architektur der Unfertigkeit. Eine Architektur, die eingesteht, dass noch nicht alles fertig ist, sondern wir in einem Prozess sind, auf einer Suche, an der nicht nur wir, sondern auch die nächsten Generationen teilhaben. Kuehn Malvezzi, ein Architekturbüro aus Berlin, haben 2008 am Wettbewerb für das **Humboldt Forum** im Berliner Stadtschloss teilgenommen. Statt, wie gefordert, die Fassade zu rekonstruieren, haben sie ein nacktes Backsteingerüst vorgeschlagen. Über die Fassade, so ihr Argument, könne später entschieden werden. Immerhin haben sie dafür einen Sonderpreis bekommen, aber realisiert wurde ihr »offener« Vorschlag leider nicht.

Auch die im Kapitel Partizipation beschriebene Forderung nach Beteiligung kann ästhetischen Ausdruck finden. Für die Internationale Bauausstellung (IBA) Berlin 1984–1987 hat der berühmte Architekt Frei Otto **Ökohäuser** für den Selbstausbau entworfen. Sie bestanden nur aus Decken, Stützen und der notwendigsten technischen Infrastruktur. Den Rest bauten die Bewohner selbst aus. Entstanden ist ein individualistisches, wildes Gebäude. Diese Idee haben die Kölner

Architekten Bernhardt und Leeser aufgegriffen, als sie etwas Ähnliches für die Internationale Bauausstellung in Hamburg vorschlugen. Auch in diesem 2013 fertiggestellten Gebäude mit dem Namen Grundbau und Siedler haben die Architekten nur das Grundgerüst gebaut, für den Rest haben sie eine Art Anleitung zum Selbermachen verfasst. Aber das Gebäude sieht nicht annähernd so wild, unbändig und fröhlich aus wie das von Frei Otto in Berlin. Dafür haben die Architekten eine Erklärung. Die Hamburger Bewohner wollten keine individualistischen, selbstgebauten Experimente, sondern etwas »Richtiges«, was vom Architekten geplant ist. Offenheit und Experimentierfreude müssen gelernt werden. Vielleicht ist in eher unsicheren Zeiten die Bereitschaft dafür nicht so groß – obwohl man gerade heute experimentieren müsste. Ein gelungener Kompromiss zwischen Wildheit und Ordnung ist eine Siedlung des chilenischen Architekten Alejandro Aravena, der wie Frei Otto ebenfalls Träger des Pritzker-Preises ist, einer Art Nobelpreis der Architektur. Die 2004 errichtete Siedlung Quinta Monroy in der chilenischen Hafenstadt Iquique besteht aus lauter kammartigen Häusern, die eine geordnete und klare Grundstruktur vorgeben. Die Zwischenräume der Zinken, so die Idee, können von den Bewohnern nach Bedarf ausgebaut werden – was inzwischen auch an fast allen Stellen geschehen ist.

Bei Ästhetik denken viele Menschen erst mal an Schönheit. Aber für das, was uns wichtig ist, sind »schön« und »hässlich« nicht die richtigen Kategorien. Wir verstehen Ästhetik als eine Möglichkeit, sich mit der gesellschaftlichen Wirklichkeit und den gesellschaftspolitischen Zielen auf sinnlicher Ebene auseinanderzusetzen. Es geht darum, Erfahrungen zu ermöglichen. Das vielleicht berühmteste Beispiel für eine Architektur, die zwar nicht im klassischen Sinne schön ist, dafür aber eine gesellschaftspolitische Haltung sinnlich erfahrbar macht, ist das Centre Pompidou in Paris. Es sollte Ende der 1960er Jahre Kunst und Kultur einem breiten, nicht elitären Publikum zugänglich machen, ein Projekt der Demokratisierung. Die Architektur versuchte das auszudrücken, indem sie alle dienenden Funktionen, die sonst hinter der Fassade versteckt werden, nach außen stülpte. Rolltreppen, aber auch Belüftungsrohre und andere technische Infrastruktur sind nun gut sichtbar. Ob man das Gebäude schön findet, sei dahingestellt, aber bis heute zieht es viele Menschen in seinen Bann, weil es einer Idee von Demokratie, Offenheit und Gleichheit ästhetischen Ausdruck verleiht.

Es gibt auch heute viele Bauaufgaben, bei denen man derartige sinnliche Erfahrungen ermöglichen könnte, sollte, müsste. Fahrradwege zum Beispiel. Dass in Kopenhagen inzwischen sogar berühmte Künstler wie Ólafur Elíasson Fahrradbrücken (**Cirkelbroen**) gestalten, ist eben nicht nur Marketing-Trick, sondern auch der Versuch, das sinnvolle Fahrradfahren mit dem sinnlichen Erlebnis von Kunst zu verknüpfen. So kann jeder die Erfahrung machen, dass man auch in einer Stadt ohne Autos von A nach B kommt – und dabei sogar weniger gestresst ist. Dass Straße mehr ist als Bewegungsraum, kann man am **Paris-Plage** unmittelbar sinnlich nachvollziehen. Die Erfahrung, dass Wohnen auf wenig Raum nicht weniger attraktiv ist als Wohnen auf viel Raum, kann man in Kunstprojekten wie den **Tiny Houses** von Van Bo Le-Mentzel machen. Und die Erfahrung, dass in einer offenen Stadt Möglichkeitsräume bestehen und noch nicht alles bestimmt, definiert oder verplant ist, ermöglichen Beteiligungsprojekte wie **El Campo de Cebada** in Madrid oder auch die **Prinzessinnengärten** in Berlin. Architektonische und städtebauliche Experimente, die neue Erfahrungen ermöglichen, können den Nährboden für einen grundlegenden gesellschaftlichen Wandel schaffen.

Es geht aber auch darum, sich mit Wirklichkeiten auseinanderzusetzen, die sich nicht schönreden lassen, beispielsweise damit, dass hohe Dichte anstrengend, ökologische Arbeit mühsam und gemeinschaftliche Aushandlungsprozesse langwierig und kraftraubend sind. Auch hier können gute Architektur und guter Städtebau zeigen, wie man mit diesen Herausforderungen sinnvoll umgehen kann – und das überkommene Verständnis von Stadt überwindet. Das Konzept der **Border City** von Fernando Romero ist dafür ein Beispiel. Diese Stadt, so die Idee, soll die Grenze zwischen USA und Mexiko überwinden. Um das Wohlstandsgefälle zu minimieren, setzt sich die Stadt aus verschiedenen miteinander verbundenen Clustern zusammen, zu denen auch Sonderwirtschaftszonen gehören. Um diese Heterogenität gestalterisch in den Griff zu bekommen, kombiniert Romero unterschiedliche städtische Ordnungssysteme – die radiale Stadt, das Raster, das Hexagon –, um aus der Überlagerung bekannter Stadtsysteme etwas Neues zu generieren.

Die Ästhetik der Globalopolis kennen wir noch nicht. Eine andere Generation von Gestaltern wird sie entwickeln müssen. Aber die Ästhetik der Stadt der Zukunft, die wir erleben werden und an der wir im Hier und Jetzt arbeiten, können wir uns vorstellen. Sie ist vielleicht einfacher, weniger glatt und rauer als das, was man bislang in den Hochglanzmagazinen der Architektur- und Designwelt oft zu sehen bekommt. Zukunftsweisendes Beispiel könnte die Architektur des Berliner Architekten Arno Brandlhuber sein, der in vielen Projekten auf intelligente Weise mit dem Bestand umgeht. Zum Bestand zählen für ihn sowohl dem Verfall preisgegebene, abrissreife Gebäude als auch nicht fertiggestellte Investitionsruinen.

Ihm ist wichtig, aus dem Gegebenen heraus eine radikale Ästhetik zu entwickeln – wie man gut anhand seiner Antivilla nachvollziehen kann.

Die Ästhetik der Stadt der Zukunft lässt sich vielleicht am besten in Anlehnung an die Ästhetik einer Werkstatt oder eines Übungsraumes beschreiben. Beginnen wir mit dem Übungsraum. In Übungsräumen, zum Beispiel Fitnessstudios, finden wir nicht alles schön. Es ist auch nicht wichtig, dass es schön ist, denn es ist funktional: Wir wissen, dass uns die Übungen Fähigkeiten vermitteln, die wir gerne hätten, uns aber noch erarbeiten müssen.

Das zweite Bild, das uns hilfreich erscheint, ist das der Werkstatt. Das ästhetische Moment der Werkstatt besteht darin, dass die Dinge, die in ihr bearbeitet werden, noch nicht fertig sind, sondern sich im Entstehen befinden. Man sieht Prototypen, Zwischenstadien und gescheiterte Versuche. Etwas entsteht, aber es wird daran noch gearbeitet. Dieses Bild der Unabgeschlossenheit kann man vielleicht auch als Gegenbild zur Machtrepräsentation verstehen. Macht neigt dazu, sich als abgeschlossen, perfekt und erhaben zu präsentieren. So will sie zur Bewunderung, zur Anbetung, zur Verehrung aufrufen. Beteiligung, Mitgestaltung und Kritik werden dadurch ausgeschlossen. Im Gegensatz dazu ist das Unabgeschlossene immer auch noch offen. Die Offenheit ist zentrales Merkmal der Ästhetik der Stadt der Zukunft. Sie ist nie perfekt, nie abgeschlossen und vielleicht nie repräsentativ im konventionellen Sinn. Genau deshalb lädt sie ein, sich an der Gestaltung der Gesellschaft zu beteiligen.

4.
OFFENE PUNKTE

Worüber noch zu sprechen ist

Als Thomas Morus 1516 *Utopia* schrieb, benutzte er die Beschreibung von Architektur und Städtebau, um seine Vision einer Gesellschaft anschaulich zu machen. Mit Globalopolis haben wir versucht, unsere Vision einer Stadt der Zukunft zu beschreiben. Globalopolis ist zugleich Skizze einer zukünftigen Gesellschaft. Doch diese Skizze hat blinde Flecken, die wir zwar nicht beheben können, aber – soweit sie uns bewusst sind – zumindest offenzulegen versuchen.

Raum

Wir sprechen von Globalopolis als einem urbanen Netzwerk, das sich über die ganze Welt erstreckt. Wird es die ganze Welt bedecken, oder wird es auch Räume außerhalb der Stadt geben? Welche Lebensbedingungen werden dort herrschen, und wer wird dort leben?

Blickt man auf die heutige Welt, gibt es wenige Hinweise darauf, dass alle Menschen dieser Erde in der von uns beschriebenen Globalopolis leben werden. Betrachtet man den aktuellen Zustand der Welt, die Mauern, von denen Donald Trump träumt, oder die Zäune, die die Europäische Union nach außen absichern sollen, erscheint ein anderes Bild wahrscheinlicher: eine globale Klassengesellschaft, in der das Leben in der Globalopolis nur einem Teil der Weltbevölkerung vorbehalten ist. Das umgebende Land dient dann der Produktion von Energie (Staudämme, Windkraftanlagen, Solarfelder und Biomasse) und der Bereitstellung von Nahrungsmitteln, bevölkert von einem globalen Proletariat als »Human Ressource«. Dieses dystopische Potential von Globalopolis haben wir bislang ausgeblendet.

Macht

Mit Raum und Perspektive eng verknüpft ist die Frage nach Macht. Wird in Globalopolis wirklich ein Raum der Freiheit und Gleichheit entstehen? Welche Wirtschaftsform wird in Globalopolis bestehen? Wird die Stadt der Zukunft wie ein Unternehmen geführt werden, kommerzialisiert und profitorientiert? Und welcher Art ist ihre politische Verfasstheit? Wird die Stadt der Zukunft demokratisch organisiert sein oder autoritär? Diese Fragen sind für die Stadt der Zukunft zentral. Sie lassen sich aber nicht mit architektonischen oder stadtplanerischen Mitteln beantworten. Die Gestaltung der Stadt der Zukunft liegt nicht allein in den Händen von Architekten und Planern, sondern – zumindest in einer aufgeklärten Demokratie – in denen der politisch agierenden Bewohner.

Gestaltung

Dennoch haben Architekten und Stadtplaner eine besondere Verantwortung. Sie arbeiten täglich an der Gestaltung der Zukunft – und gestalten damit Stadt und Gesellschaft. Sie können zur breiten Diskussion über die Zukunft von Stadt

– und Gesellschaft – einen wichtigen Beitrag leisten, indem sie (begeisternde oder auch kritische) Bilder von Zukunft entwerfen. Anhand dieser Bilder kann dann eine breite Öffentlichkeit diskutieren, welche Zukunft wünschenswert ist – und welche nicht.

5.
PERSPEKTIV-
WECHSEL

Wie sieht Globalopolis aus globaler Perspektive aus?

Wir haben unsere Vision der Stadt der Zukunft als die Personen entwickelt, die wir sind: zwei Männer mittleren Alters, weiß, Akademiker, die in Deutschland leben und in Deutschland aufgewachsen sind. Dieser Blick muss durch die Erfahrungen anderer Menschen ergänzt werden.

Die Handlungsfelder, die wir beschreiben, sind Handlungsfelder für die Städte des reichen Westens, die bereits über eine gute technische und soziale Infrastruktur verfügen.

An anderen Orten der Welt, deren Bewohner vor anderen Problemen stehen, sind andere Handlungsfelder dringlicher. Menschen, die an anderen Orten der Welt aufgewachsen sind oder von anderen biographischen Erfahrungen geprägt sind als wir, würden vielleicht andere Bilder von Zukunft entwerfen. Gerne würden wir deshalb unsere Vorstellung von Globalopolis an möglichst unterschiedlichen Orten der Welt vorstellen und mit unterschiedlichen Menschen über ihre Zukunftsvorstellungen sprechen.

Den ersten Versuch eines solchen Perspektivwechsels unternehmen wir in den nachfolgenden drei Gesprächen. Der Architekt Yung Ho Chang pendelt zwischen den USA und China. Sein Architekturbüro ist in Peking, am Massachusetts Institute of Technology (MIT) unterrichtet er als Professor. Auch Diébédo Francis Kéré ist Architekt. Er wurde in Burkina Faso geboren und lebt inzwischen in Berlin, wo er auch sein Architekturbüro leitet. An der Technischen Universität München ist er Professor für Architektonisches Entwerfen und Partizipation. Bekannt geworden ist er durch seine innovativen Schulgebäude in Lehmbautechnik. Luiza Prado de O. Martins stammt aus Brasilien. Die Künstlerin und Forscherin lebt derzeit in Berlin. Sie ist Mitbegründerin der Initiative »Decolonising Design« und beschäftigt sich u. a. mit Kolonialismus, Gender und Ethnizität.

Yung Ho Chang

»Globalopolis kann gleichzeitig ganz klein und ganz groß sein.«

Wenn die Städte und die Weltbevölkerung weiter so schnell wachsen wie in den letzten 50 Jahren, kann in 100 Jahren die ganze Welt eine große Stadt sein. Wie sieht Globalopolis aus asiatischer Perspektive aus?

Yung Ho Chang: Ich kann ein Beispiel für diese Art globaler Stadt nennen, das nicht meiner Phantasie entspringt, sondern das ich wirklich gesehen und erlebt habe: Colombo in Sri Lanka. In fast allen Städten, die ich kenne, befindet sich zwischen dem Flughafen und dem Stadtzentrum freier Raum. In Colombo aber beginnt die Stadt direkt am Flughafen, und eine dichtbebaute Straße führt von dort bis in das eigentliche Stadtzentrum. Ich dachte, ich bin in einer großen Metropole. Aber es stellte sich heraus, dass Colombo eine lineare Stadt ist. Sie besteht nur aus einer Gebäudeschicht, links und rechts der Straße. Direkt dahinter: nichts, offenes Farmland. Diese

Art von Stadt gibt es häufig in Asien, und auch in vielen Entwicklungsländern. Und wenn diese linearen Städte wachsen, bilden sie irgendwann ein endloses Netzwerk, das aus dichtbebauten Straßen besteht – und offenem, landwirtschaftlichem Raum dazwischen.

Wir reden von »polis«, weil ein Netzwerk von Städten irgendwann das heutige Staatensystem ersetzen und Städte an die Stelle von Nationen treten könnten.

Das finde ich interessant. Ich war beteiligt an der Gestaltung des Hochschulsystems in China, zum Beispiel an der Staatlichen Kunsthochschule (CAA) in Hangzhou. Eigentlich war ich als Architekt beauftragt, den Hochschulcampus zu entwerfen. Ich sollte den Campus so gestalten, dass die Studierenden auf eine andere Art und Weise lernen können, als es in China traditionell üblich ist. Die Studierenden sollten in die Lage versetzt werden, während des Studiums zu forschen und wirklich neues Wissen zu produzieren. Aber wie geht das? Die klassische akademische Hierarchie erschien uns plötzlich hinderlich. Neues Wissen entsteht nicht innerhalb abgeschlossener Disziplinen und Fachgebiete. Wir entwarfen also ein Schulsystem, in dem alle Grenzen zwischen den Disziplinen und Fachgebieten aufgelöst waren. Und konsequenterweise brachten wir alles in einem großen Gebäude mit 180 000 Quadratmetern unter.

Natürlich ist das nur eine Hochschule, eine relative kleine Institution, aber letztlich ist sie auch vergleichbar mit der Art, wie ein Staat organisiert ist. In der globalen, endlosen Stadt, von der ihr sprecht, werden Staaten – wenn es sie überhaupt noch gibt – eine andere Bedeutung haben als heute. Wir haben nur die Organisationsstruktur einer Hochschule ver-

YUNG HO CHANG, GEBOREN 1956 IN PEKING, ARCHITEKT UND PROFESSOR AM MASSACHUSETTS INSTITUTE OF TECHNOLOGY (MIT). ER BETREIBT DAS ARCHITEKTURBÜRO »ATELIER FCJZ« IN PEKING.

ändert, aber es erinnert mich an die Art, wie ihr über Stadt und Staat nachdenkt. Wir teilen eine ähnliche Denkweise.

In Europa leben wir – verglichen mit China – in relativ kleinen Städten. Was können wir bei dem Versuch, Natur in große urbane Agglomerationen zu integrieren, von China lernen?

Ich finde die Idee, die Stadt um einen Hof herum zu organisieren, sehr interessant. Während der Kaiserzeit gab es in China keinen öffentlichen Raum und auch keine öffentlichen Parks. Aber das war nicht schlimm, denn jeder hatte ein kleines Stück Natur direkt im Zentrum seines Wohnhauses. Ich bin in einem solchen Hofhaus aufgewachsen. Ich erinnere mich noch, wie ich die Vögel, die im Hof herumflogen, beobachtet habe. Man konnte in den Himmel sehen, und es gab verschiedene Pflanzen, die die Erde bedeckten – alles Sachen, die man in einem nur auf den Innenraum konzentrierten Haus nicht erleben kann. Ich glaube, dass man von dieser traditionellen Bauweise noch viel lernen kann. Es ist ein guter Ansatz, städtischen Raum zu gestalten. Der Hof hilft den Menschen, der Natur nahe zu sein. Und wenn man alle Innenhöfe zusammennimmt, kommt man auf die Fläche eines modernen Parks. Aber natürlich kann der Innenhof den modernen Park, in dem man zum Beispiel auch Sport treiben kann, nicht ersetzen, selbst wenn es im Hofhaus große Bäume gibt. Die spannende architektonische Aufgabe besteht darin, die Idee des flachen Hofhauses auf moderne Gebäude mit 30 Stockwerken zu übertragen. Die Idee des Hofhauses muss neu gedacht, weiterentwickelt und neu interpretiert werden. Wir sollten dieses Konzept auf keinen Fall vergessen.

Wird die Architektur in Globalopolis auch endlos, kontinuierlich sein?

Ja, ein Beispiel für endlose Architektur ist das sich kontinuierlich weiterentwickelnde Gebäude. In den 1960er Jahren haben in Japan Architekten, die sogenannten Metabolisten, die Idee des natürlichen Stoffkreislaufes auf Gebäude übertragen. Die Gebäude sollten sich selbst verändern können und sich so an eine sich verändernde Umgebung anpassen. Das ist ein Ansatz. Ein anderer Ansatz wäre, Gebäude immer nur für eine sehr kurze Zeit zu entwerfen. Sobald sie den Anforderungen nicht mehr gerecht werden, werden sie abgerissen und neu gebaut. Das hat natürlich viel mit dem Lebensstil und dem jeweiligen ökonomischen System zu tun. Ich kenne einen Architekten in Hongkong, der um die 60 Jahre alt ist und in seiner Laufbahn auf dem gleichen Grundstück schon drei verschiedene Gebäude errichtet hat. Beide Szenarien sind vorstellbar: das unendliche Gebäude, das ein offenes System ist, sich selbst erneuert und dazu keinen neuen Entwurf braucht. Oder die nur vorübergehend bestehenden Gebäude – wie die traditionellen japanischen Shinto-Schreine, die alle paar Jahre identisch neu gebaut werden.

Man könnte vor einer entstehenden Globalopolis auch Angst haben, weil sie die Macht hat, den Rest der Welt zu kolonialisieren. Wie kann eine weltumfassende Stadt trotz ihrer Größe Diversität erhalten und schützen?

Ja, ein bisschen erinnern mich eure Überlegungen an Fritz Langs Kinofilm »Metropolis«. Das ist ein erschreckender Gedanke. Natürlich sind politische Fragen in allen großen Städten, sei es Peking, Shanghai, Tokio oder Mexiko-Stadt, wichtig. Aber im täglichen Leben der Menschen sind andere Dinge wichtiger. Die Größe der Stadt übersteigt den menschlichen Erfahrungsraum. Als ich ein Kind war, bin ich viel gelaufen und viel Fahrrad gefahren. Das reichte aus, weil alles, was wir brauchten – die Schule, die Geschäfte, sogar das Theater –, in der Nähe lag. Aber die Stadt war viel größer. Als ich ein Teenager war, ging meine Mutter mit mir in andere Stadtteile von Peking, wie ein Tourist, nur damit ich mal etwas anderes, Neues sehe. Genauso wird es mit Globalopolis, eurer endlosen Stadt, sein. Sie wird viele unterschiedliche, eigenständige Einheiten haben. Die unterschiedlichen Stadtviertel werden vielleicht viel kleiner und vielfältiger sein, als das, was wir heute gewohnt sind. Globalopolis kann gleichzeitig ganz klein und ganz groß sein.

Diébédo Francis Kéré

»Immer mehr ist auch nicht der Schlüssel zum Glück.«

In Afrika wachsen viele Städte rasant. Spielt das, was wir unter Nachhaltigkeit diskutieren, dort eine Rolle?

Diébédo Francis Kéré: Ökologische Entwicklung ist dringend nötig, aber im Moment gibt es andere Probleme, die für die Entscheidungsträger wichtiger sind. Die Bevölkerung wächst rapide und braucht Wohnräume und Arbeit. Die große Gefahr ist, dass Fragestellungen der Ökologie und nachhaltigen Entwicklung nicht hinreichend berücksichtigt werden. Nachhaltig planen kann man ja nur, wenn man sinnvolle Vorhersagen für die Zukunft hat. Aber in Afrika passiert vieles ohne Plan. Im Moment entstehen so viele spontane Siedlungen, dass das niemand kontrollieren kann. Die Verwaltungen sind überfordert. Es ist doch so: Erst wenn der Hunger gestillt ist, fängt man an, über Qualität nachzudenken. So ist es in jeder Kultur. Die Entscheidungsträger in Afrika kämpfen, um alltägliche Probleme zu lösen. Dadurch ist der Blick auf die Zukunft versperrt. Eine nachhaltige und ressourcenschonende Entwicklung spielt deshalb im Moment noch keine Rolle. Leider.

Wäre es nicht eine Aufgabe der reichen westlichen Staaten, sich dafür zu engagieren?

Ja, der Westen könnte mit seiner Planungskapazität und seinen wirtschaftlichen Ressourcen helfen – aber nicht in Form eines neuen Kolonialismus! Euer Bild einer Globalopolis geht davon aus, dass nationale Staaten bald nicht mehr existieren werden. Das ist eine Provokation. Im Moment lösen sich die Nationalstaaten noch nicht auf, aber sie hängen voneinander ab. Der Westen ist für Afrikaner attraktiv beziehungsweise attraktiv gemacht worden. Die westlichen Medien, die westliche Wirtschaft und die westliche Kultur sind dominant. Der Westen diktiert eigentlich alles. Doch er muss endlich damit aufhören, Afrika als einen Kranken zu betrachten. Der Westen muss die dortigen Potentiale erkennen und unterstützen. Anstelle des paternalistischen Blicks brauchen wir ehrliche, ernsthafte Kooperation. Bislang hat der Westen alle Chancen versäumt. Jetzt ist China in Afrika und baut neue Strukturen auf. Und dem Westen, der China als Konkurrenten begreift, fällt nichts anderes ein, als China als neue Kolonialmacht zu kritisieren. Statt Afrika als Raum zu betrachten, aus dem man Ressourcen ziehen kann, muss man Afrika als Partner verstehen und daran mitwirken, dass dort eine nachhaltige

DIÉBÉDO FRANCIS KÉRÉ, GEBOREN 1965 IN BURKINA FASO, IST ARCHITEKT UND PROFESSOR AN DER TECHNISCHEN UNIVERSITÄT MÜNCHEN. IN BERLIN BETREIBT ER DAS ARCHITEKTURBÜRO »KÉRÉ ARCHITECTURE«.

Gesellschaft entsteht. Afrika braucht eigenes produzierendes Gewerbe. Sonst gehen die Menschen nach Europa. Diese Migration verschärft nicht nur die Lage in Afrika, sondern auch in Europa, denn sie fördert dort den Populismus. Im eigenen Interesse muss der Westen handeln. Wenn er Afrika nicht fördert, verliert er bald den Humanismus, für den er steht.

Wie können Architekten und Stadtplaner zu einer positiven Veränderung beitragen?

Gerade vor dem Hintergrund von Migration müssen wir über neue Wohnmodelle nachdenken. Wir müssen dafür sorgen, dass keine Ghettos und keine Isolation entstehen. Das heißt, wir müssen uns begegnen. Und wie schafft man das? Als Planer denke ich an Wohnmodelle, die wirklich breite Gesellschaftsschichten integrieren können. Statt Flüchtlingsheime zu bauen, müssen wir neue Formen von multifunktionalen Siedlungen schaffen: mit Studentenwohnungen, also für jüngere Menschen, die offen sind für anderen Gedanken und Kulturen; mit Räumen, wo Singles, ja auch ältere Menschen sagen: »Mensch, ich ziehe dahin, da krieg ich eine andere Perspektive auf das Leben, da komme ich selbst weiter, weil ich eine andere Dynamik kennenlerne.« Das wäre ein Beispiel. Oder Bildungseinrichtungen, die offen sind. Wir müssen aufhören, funktional begrenzte, spezialisierte Bauten zu schaffen, und stattdessen versuchen, möglichst breite Schichten der Bevölkerung mit unterschiedlichen Interessen zusammenzubringen.

Wenn wir uns jetzt vorstellen, in einer Welt der Freizügigkeit zu leben, ändert sich nicht nur Afrika, sondern auch Europa. Ist ein Europa denkbar, das Teil von Afrika ist?

Veränderungen sind am Anfang immer schwer zu verkraften. Wenn man Vorhersagen über die demographische Entwicklung Europas betrachtet, dann sieht man, dass Europa auch in Zukunft auf die Zuwanderung von Arbeitskräften angewiesen sein wird – zum Beispiel aus Afrika. Aber das ist eine sehr pragmatische Perspektive. Viel wichtiger ist die Rolle von Kunst und Kultur. Von ihnen kann ein Umdenken ausgehen, damit Afrika und sein Potential für positive Entwicklung im Westen wahrgenommen werden können. Seit Jahrhunderten dominiert in der Kunst eine westliche Sicht. Andere Kulturen werden nur beiläufig betrachtet. Aber die Schaffenskraft der Menschen, die auf diesem riesigen Kontinent leben, ist eine Ressource, die die stagnierende Kreativität im Westen wiederbeleben kann. Wir alle werden davon profitieren. Wir werden neues Schöpfungspotential sehen, in der Kunst, in der Architektur, überall. Aus Afrika kann eine neue Form von Begeisterung nach Europa kommen. Europa, der Westen hat so wenig Begeisterung. Alles ist Verpflichtung – statt Mut herrscht ein Geist der Absicherung.

Häufig wird darüber geredet, wie sich Afrika verändern muss. Wie sollte sich der Westen verändern?

Der Westen hat einen großen Wohlstand erreicht. Es ist schwer, diesen wieder zurückzuschrauben, wenn man sich einmal daran gewöhnt hat. In Afrika kann man sehen, wie man bescheidener leben kann. Dass »immer mehr« doch nicht der Schlüssel zum Glück ist, könnten die Europäer von den Menschen lernen, die tatsächlich nichts besitzen und trotzdem positiv und optimistisch ans Leben glauben. Die Menschen im Westen könnten auch überlegen, auf ein bisschen von ihrem Wohlstand zu verzichten und etwas abzugeben, damit für alle etwas Besseres entsteht.

Luiza Prado de O. Martins

»Stadt ist nicht die einzige mögliche Lebensform.«

Wie können wir verhindern, dass Globalopolis von einer Kultur dominiert wird?

Luiza Prado de O. Martins: Zuallererst muss man die Idee dekonstruieren, dass die Stadt die einzige mögliche Lebensform ist oder dass »Stadt« für alle Menschen das natürliche Entwicklungsziel ist. Eure Idee einer Stadt, die die ganze Welt oder einen ganzen Kontinent umspannt, kann man nicht getrennt von einer damit verbundenen Grundannahme betrachten: Wenn die Bevölkerung weiter wächst, werden wir alle in Städten leben müssen. Eure Annahme geht aber noch weiter: Wir müssen nicht nur in der Stadt leben, sondern wir wollen es auch – was für viele Menschen nun wirklich nicht der Fall ist. Ein solch universalistischer Startpunkt ist unausweichlich mit der Idee einer dominanten Kultur verbunden. Aber menschliche Wesen leben auf sehr unterschiedliche Weisen zusammen. Manche von uns leben in Städten, andere in ländlichen Räumen, es gibt ganz unterschiedliche Organisationsformen. Selbst innerhalb einer Stadt können unterschiedliche Organisationsformen koexistieren. Und schließlich gibt es auch Kulturen, in denen Menschen lieber in Dörfern oder kleinen Ansiedlungen leben als in Städten. Es gibt so viele Möglichkeiten, wie man das Zusammenleben von Menschen gestalten kann. Ich würde es deshalb vorziehen, nicht von der Zukunft der einen großen Stadt zu sprechen, sondern der Zukunft miteinander verknüpfter Gemeinschaften.

Wenn nicht die Stadt die räumliche Organisationsform der Zukunft ist, was dann?

Noch mal: Ich bin mir nicht sicher, ob es möglich oder sinnvoll ist, von *einer* Form der Organisation zu sprechen, wenn man über etwas nachdenkt, das so viele unterschiedliche Klimazonen, Völker und Kulturen umfassen soll. Wahrscheinlich wird es in Europa eine Lebensform geben, aber in Südamerika eine ganz andere. Wenn wir über diese Fragestellung nachdenken, ist es wichtig, jeder Form von Universalismus kritisch gegenüberzustehen.

Der westliche Universalismus, das heißt die Annahme, dass unsere Bedürfnisse, Werte und Normen Allgemeingültigkeit besitzen, birgt die Gefahr, dass wir die Interessen anderer Kulturen unterdrücken. Wie können wir dieses universalistische Selbstverständnis durchbrechen?

Die Herausforderung besteht darin, die eigene Position kritisch zu hinterfragen. Man muss sich immer bewusst machen, dass das, was einem selbstverständlich und offenkundig erscheint, manchmal für jemand anderen etwas ganz Neues, Unerwartetes, Herausforderndes ist. Ein Beispiel, das das gut vor Augen führt, ist der abendliche Heimweg. An manchen Orten der Welt, zum Beispiel, um an meine persönlichen Erfahrungen anzuknüpfen, in Rio de Janeiro, ist es sehr gefährlich, abends alleine nach Hause zu gehen. Der Grund dafür ist die Gewalt im Land, die von sozialer Ungleichheit, Armut und anderen historisch gewachsenen Umständen herrührt. In Europa habe ich keine Angst, abends alleine nach Hause zu gehen. Aber ich bin trotzdem vorsichtig, weil ich als Frau wahrgenommen werde. Auch in Europa stoße ich auf eine

LUIZA PRADO DE O. MARTINS, GEBOREN 1985 IN RIO DE JANEIRO, KÜNSTLERIN UND FORSCHERIN. SIE IST MITBEGRÜNDERIN DER INITIATIVE »DECOLONISING DESIGN« UND VON »A PAREDE« IN BERLIN.

Reihe von Problemen, die spezifisch für meine Situation und die Wahrnehmung meiner Person durch andere sind. Jemand, der sich in dieser Welt in einem anderen Körper bewegt als ich, nimmt die Welt anders wahr. Diese andere Person hat meine Probleme nicht im Kopf. Aber für mich, für meinen Körper und seine Art, sich durch die Welt zu bewegen, existieren sie. Gleichzeitig bekomme ich nicht mit, was andere Personen belastet, weil meine Wahrnehmung natürlich auch durch meinen Körper beschränkt ist. Was folgt daraus? Du bist nicht dazu verpflichtet, Dinge zu sehen, die für dich ungewohnt sind, aber du musst gut zuhören, wenn dir andere davon erzählen. Das ist ein guter Ausgangspunkt, um Universalismus zu durchbrechen. Aber man darf dabei nicht vergessen, dass es einen großen Unterschied ausmacht, ob man ein Problem erkannt hat oder ob man ein Problem tatsächlich zu beheben versucht.

Wenn man heute nach Brasilien schaut, scheint die Politik eine andere Richtung einzuschlagen.

Im Moment haben sich Vertreter der Ureinwohner in Brasília, der Hauptstadt von Brasilien, versammelt. Sie haben öffentliche Räume in unmittelbarer Nähe der Regierungsgebäude besetzt und stellen dort eine Reihe von Forderungen, die ihre Überlebenschancen betreffen. Bolsonaro, der neue brasilianische Präsident, hat mehrfach betont, dass er Unternehmen das Eindringen in die geschützten Gebiete der Ureinwohner erlauben will. Eine der ersten Amtshandlungen der neuen rechten, ja beinahe faschistischen Regierung in Brasilien war es, die wenigen Rechte der indigenen Gemeinschaften zu beschneiden. Deshalb gehen die Ureinwohner mit ihren Forderungen nun an die Öffentlichkeit. Doch auch wenn sie alle Ureinwohner sind, kommt jede Gruppe aus einem anderen Ort mit einem anderen Klima. Natürlich haben all diese Gruppen viele gemeinsame Ziele und viele ähnliche Bedürfnisse, aber sie haben auch viele individuelle Anliegen, die sich aus der spezifischen Situation in ihrer Region ergeben. Wenn wir also davon reden, dass wir marginalisierte Gruppen unterstützen oder schützen wollen, sollten wir nicht davon ausgehen, dass wir als Außenstehende wissen können, was die Probleme und Anliegen dieser Gruppen sind. Es ist, wieder einmal, das Problem des Universalismus. Darauf kommen wir immer wieder zurück.

Was können Designer, Architekten und Stadtplaner tun, um zur Überwindung universalistischer Denkmuster beizutragen?

Wir müssen unbedingt die Ausbildung verändern. Ich habe in Brasilien studiert, und ich wusste am Ende mehr über europäische und nordamerikanische Designer als über Designer aus Brasilien oder aus dem globalen Süden. Es beginnt bereits mit der Definition, was Design überhaupt ist. Design ist eng verbunden mit einer gesellschaftlichen Schicht, die eine hohe Bildung hat. Wer macht eigentlich Design, das als Design anerkannt wird, und was wird nicht als Design anerkannt? Gestaltung war historisch gesehen immer ein sehr weißer Beruf – ich finde es wichtig, das in Frage zu stellen.

6.
ANHANG

Was wird bereits gemacht?

Die Imagination einer möglichen Zukunft ergibt sich immer aus den Vorstellungsmöglichkeiten der Gegenwart. Und so finden sich im Heute Projekte, die auf die Herausforderungen der Gegenwart auf so spannende, wegweisende Art reagieren, dass sie in unseren Augen einen überzeugenden Ausblick auf eine mögliche Zukunft bieten.

Amager Ressource Center **ist eine Müllverbrennungsanlage in Kopenhagen, die gleichzeitig urbane Skipiste ist.** Alles, was mit Abfall zu tun hat, wird gerne aus dem Sichtfeld gedrängt. Denn eigentlich niemand will eine Müllverbrennungsanlage in seiner Nachbarschaft haben, lieber versteckt man derartige Anlagen am Stadtrand. Und normalerweise sind Müllverbrennungsanlagen auch keine Bauwerke, mit denen sich international berühmte Stararchitekten beschäftigen. Anders in Kopenhagen, das die nachhaltige Entwicklung der Stadt zum großen Ziel erklärt hat. Mit dem Bau einer neuen Müllverbrennungsanlage wurde mit BIG (**Big U**) eines der weltweit bekanntesten Architekturbüros beauftragt. Das Besondere ist dabei nicht, dass mit dem Müll Fernwärme und elektrische Energie erzeugt werden, sondern dass die Müllverbrennungsanlage gleichzeitig ein künstlicher Berg ist, der im Sommer zum Wandern und im Winter als Skipiste genutzt werden kann. Statt den Müll aus der Wahrnehmung zu verbannen, wird er ins Zentrum der Aufmerksamkeit gestellt – und damit werden auch Ressourcenverschwendung, Energiegewinnung und Recycling aktiv thematisiert. Seit der Inbetriebnahme 2017 ist die Müllverbrennungsanlage dank ihrer aufregenden, spektakulären Architektur ein Symbol für das zukünftige Kopenhagen – und wahrscheinlich die erste Müllverbrennungsanlage der Welt, die in Architekturzeitschriften, Reiseführern und Lifestylemagazinen gefeiert wird.

Antivilla **heißt ein Bauwerk des Architekten Arno Brandlhuber. Er macht die Ästhetik des Unfertigen erfahrbar und erklärt die Ruine zur Bauform der Zukunft.** In der Nähe von Berlin hat er von 2010 bis 2015 eine verfallende Wäschefabrik aus DDR-Zeiten umgebaut. Auffälligstes Merkmal sind Fensteröffnungen, die nicht »ordentlich« in die Fassade eingefügt sind, sondern mit dem Presslufthammer aus dem Beton geschlagen wurden. Auch im Inneren verzichtete Brandlhuber auf vieles, was heute eigentlich Standard ist. Alle unnötigen Wände und Unterteilungen wurden entfernt, sogar auf klassische Dämmung wurde verzichtet. Stattdessen sorgt ein dicker Vorhang dafür, dass die Wärme im Kern der Räumlichkeiten bleibt. Mit seiner Hinwendung zum Unfertigen und Provisorischen zeigt Brandlhuber, dass wir für die Stadt der Zukunft bereit sein müssen, gewohnte Standards hinter uns zu lassen. Und seine Antivilla beweist, dass der Gewinn dieser Verzichtsleistung eine neue, atemberaubende Sinnlichkeit sein könnte.

Big U **ist ein Schutzwall, der Manhattan zukünftig vor Überflutungen schützen soll. Zugleich ist er ein grüner Ort, an dem die New Yorker sich entspannen können.** Als im Jahr 2012 der Sturm Sandy Manhattan flutete, wurde deutlich, dass die New Yorker Halbinsel zukünftig vor Sturm und Über-

IN KOPENHAGEN GIBT ES SEIT 2017 EINE MÜLLVERBRENNUNGSANLAGE, DIE GLEICHZEITIG PARK UND SKIPISTE IST: DAS AMAGER RESSOURCE CENTER.

schwemmung geschützt werden muss. Der Entwurf von BIG, dem Architekturbüro des dänischen Architekten Bjarke Ingels (Amager Ressource Center) bietet eine neuartige Lösung: eine Art U-förmiger Schutzwall, der sich an der Wasserlinie Manhattans entlangzieht. 13 Kilometer lang ist die Mauer, die Manhattan wie eine Festung gegen äußere Einflüsse schützt. Der Clou an der Schutzarchitektur ist, dass sie nicht als Wall oder Mauer sichtbar wird, sondern einen öffentlichen Raum bildet, der allen Menschen als Park offen zugänglich ist. Auf den Grünflächen befinden sich Pavillons, Spielplätze und Skateparks, Schwimmgelegenheiten und sogar ein Meeresmuseum, das über einen Gebäudeteil verfügt, der in das Meer hineinragt. Von ihm aus können die Besucher einen Blick unter den Meeresspiegel wagen. Big U ist ein Beispiel für Stadtplanung, bei der nicht nur Sicherheit im Fokus steht, sondern auch die Lebensqualität der Menschen, die im urbanen Raum wohnen.

Border City **nennt der mexikanische Architekt Fernando Romero seine binationale Stadt an der US-amerikanisch-mexikanischen Grenze.** Die Stadt soll in einem radialen und hexagonalen Straßensystem von der Landesgrenze aus in beide Richtungen wachsen und so eine Lösung für die unkontrollierten Siedlungswucherungen auf mexikanischer Seite bieten. Denn dort sind viele Montagebetriebe ansässig, die von niedrigen Löhnen sowie dem Freihandelsabkommen zwischen Kanada, Mexiko und den USA profitieren. Das zentrale Anliegen des Architekten ist es, eine Stadtstruktur zu schaffen, die ihren Bewohnern sowohl flächendeckende Mobilität als auch Räume für Bildung, Kultur und medizinische Versorgung bietet. Dies gelingt vor allem dadurch, dass die Border City, anstelle nur eines Zentrums, über mehrere, gleichberechtigte

Stadtkerne und funktionale Achsen verfügt. Diese Cluster sind miteinander verbunden. Zusätzlich überlagert Romero ein radiales Ordnungssystem mit dem klassischen Raster und einer hexagonalen Struktur. Nichtsdestotrotz wurde der geographischen Mitte eine besondere Bedeutung gegeben: In ihr soll sich eine internationale Zone befinden, ein Gebiet, das als binationale Sonderwirtschaftszone Motor der regionalen Entwicklung sein soll. Damit die Stadt eines Tages Wirklichkeit wird, treibt Romero derzeit – Trump zum Trotz – mit amerikanischen und mexikanischen Investoren die Realisierung voran: Noch in der nächsten Dekade möchte er 250 000 Menschen ermöglichen, in der 290 Quadratkilometer großen Border City zu leben.

Bosco Verticale **heißen zwei Hochhäuser in Mailand, die gleichzeitig ein vertikaler Stadtwald sind.** Der Wald befindet sich an der Außenseite von zwei Wohnblöcken, die 2014 von Stefano Boeri fertiggestellt wurden. Die Terrassen und Balkone der einmal 80 und einmal 110 Meter hohen Türme sind mit 900 Bäumen und weit über 2000 anderen Pflanzen bewachsen. Horizontal würde dieser Bewuchs eine Fläche von fast 7,5 Hektar einnehmen. Die Bäume sollen bis zu neun Meter hoch werden und gemeinsam mit den anderen Pflanzen Nahrungsquellen und Nistmöglichkeiten für Vögel bieten. Zudem sind die beiden Gebäude sogenannte Trittsteinbiotope – sie helfen vielen Tieren, die Distanz zwischen verschiedenen größeren Biotopen, wie zum Beispiel Parks oder Brachflächen, zu überbrücken. Darüber hinaus verbessert der senkrechte Wald das Mikroklima, setzt Sauerstoff frei und filtert die Luft, dämpft Stadtlärm, speichert Wärme und spendet Schatten. Der Bosco Verticale, der mit verschiedenen Architekturpreisen ausgezeichnet wurde, hat Vorbildfunk-

IN MAILAND BAUTE DER ARCHITEKT STEFANO BOERI 2014 ZWEI HOCHHÄUSER MIT BÄUMEN IN DER FASSADE: DEN BOSCO VERTICALE.

tion – in mehr und mehr Städten entstehen inzwischen begrünte Hochhäuser.

Brooklyn Grange **ist ein Unternehmen in New York, das Hausdächer für kommerzielle Landwirtschaft nutzt.** Mitten in der US-amerikanischen Metropole New York, im Stadtteil Brooklyn, produziert das Unternehmen, das inzwischen zu den größten im Green-Roofing-Business zählt, jährlich über 20 Tonnen ökologisch angebautes Grünzeug. Dazu zählen Kräuter und Salatpflanzen, aber auch Gemüse, das für die regionalen Anbaubedingungen gut geeignet ist. Bestäubt werden die Pflanzen unter anderem von den Bienen der über 30 eigenen Bienenvölker, die nach den Prinzipen der biologischen Imkerei auf den Dächern der Großstadt gehalten werden. Ergänzend zu seiner kommerziellen Ausrichtung fördert Brooklyn Grange verschiedene Non-Profit-Organisationen, die gesunde Ernährung, Begrünungsberatung für Stadtbewohner und gesundheitliche Aufklärung in New York vorantreiben möchten. Brooklyn Grange ist ein Beispiel für den globalen Trend, innerstädtisch Nahrungsmittel anzubauen, sei es in kleinmaßstäblichen Urban-Gardening-Projekten (**Prinzessinnengärten**) oder in kommerziell erfolgreichen, zum Teil hochtechnisierten urbanen Farmen (**Growing Underground, Techno Farm Keihanna**).

C40 **ist ein globales Netzwerk von Großstädten, die gemeinsam gegen den Klimawandel kämpfen.** Im 2005 gegründeten Netzwerk C40 sind mittlerweile mehr als 90 globale Metropolen (vom Amsterdam und Berlin über Peking und Hongkong bis hin zu New York und Los Angeles) zusammengeschlossen. Gemeinsam diskutieren sie Strategien gegen den Klimawandel in den Bereichen Energie, Gebäude, Verkehr und Industrie und fordern die Nationalstaaten zur Umsetzung der Klimaabkommen auf. Städte stehen in besonderer Verantwortung, da in ihnen circa 75 Prozent der global erzeugten Energie verbraucht und rund 80 Prozent der CO_2-Emissionen ausgestoßen werden. Ähnlich wie der **Konvent der Bürgermeister** geben Initiativen wie C40 einen Ausblick auf eine Welt, in der Städte gemeinsam die globalen politischen Herausforderungen angehen.

Cheonggyecheon **– erst Fluss, dann Stadtautobahn, und jetzt wieder Fluss. Seoul zeigt, wie Straßenraum wieder zurückerobert werden kann.** Im Jahr 1961 wurde der Cheonggyecheon, ein Fluss im Zentrum von Koreas Hauptstadt, bei der Errichtung der Stadtautobahn zubetoniert – zum Nachteil des Verkehrs und auch der Bevölkerung, wie sich später herausstellte. Deshalb wurde 2005 der Fluss wieder freigelegt und der Bevölkerung zugänglich gemacht. 300 Millionen Euro kostete die erfolgreiche Renaturierung der Flusslandschaft, die einen messbaren Effekt hat: Lärm-, Abgas- und Feinstaubbelastung wurden reduziert, Insekten und Fische sind wieder im Fluss aufzufinden, und die Temperatur rund um den flüssigen Kühlkörper ist einige Grad frischer als im Rest der Stadt. Seoul verfügt nun über ein grünes Herz rund um den 5,8 Kilometer langen Fluss, der sich durch das Stadtzentrum schlängelt. Das Fazit: Wenn Straßen zu Grünraum werden, profitiert die ganze Stadt.

Cirkelbroen **ist eine Fahrradbrücke in Kopenhagen. Das neue Wahrzeichen ist gleichzeitig ein Kunstwerk.** Denn gestaltet wurde sie von Ólafur Elíasson, dem wohl bekanntesten dänischen Künstler der Gegenwart. Er hat sich für die Fahrradbrücke etwas Besonderes ausgedacht. Die Brücke führt nicht auf dem kürzesten Weg über das Wasser, sondern bildet mehrere kreisförmige Plateaus aus. Auf den ersten Blick ist das nicht besonders funktional, schafft aber Aufenthaltsqualität – und vor allem ein einprägsames Bild. Und das ist wichtig, denn die bereits 2009 konzipierte Brücke ist Teil von Kopenhagens Strategie, CO_2-neutral zu werden. Und dafür braucht man nicht nur mehr Fahrradwege für mehr Fahrradfahrer, sondern auch schöne Bilder für ein positives Image. Denn der Mobilitätswandel ist nicht nur eine technische, sondern vor allem eine kulturelle Herausforderung.

CUCULA **ist ein künstlerisches Projekt und soziales Unternehmen in Berlin, in dem Geflüchtete hochwertige Designobjekte herstellen.** Dabei lernen die Geflüchteten grundlegende Handwerkstechniken kennen, entdecken eigene Talente und bauen sich so eine neue Perspektive auf. Nebenbei ist CUCULA auch eine Plattform für den interkulturellen Austausch von Menschen mit Fluchthintergrund. Und über die Arbeit mit Künstlern, Auftraggebern und anderen Beteiligten nehmen die Geflüchteten auf ganz selbstverständliche Weise am gesellschaftlichen Leben teil.

E-Residency **ist Estlands digitale Staatsbürgerschaft. Sie steht nicht nur Esten offen, sondern ist transnational.** E-Estonia will die Digitalisierung des Landes vorantreiben. Die digitale Staatsbürgerschaft E-Residency ermöglicht es seit 2015 beispielsweise Firmengründern aus dem Ausland, ihr Business von Estland aus zu starten. Dadurch können sie nicht nur ihre Bankgeschäfte in Estland – und damit in der EU – abwickeln, sondern haben auch Zugang zum europäischen Markt. Zudem spülen die Nutzungen der estnischen E-Services Geld in die Kassen des kleinen Landes. Estland ist ein Vorreiter in Sachen

Digitalisierung: Die estnischen Bürger können bereits über 600 staatliche E-Services in Anspruch nehmen. Mit ihrem digitalen Personalausweis können sie Zahlungen vornehmen, etwa für öffentliche Verkehrsmittel oder Parktickets, beim Arzt Rezepte erhalten und online ihre Stimme bei Wahlen abgeben. Ermöglicht wird all das seit dem Jahr 2001 über die Blockchain-basierte X-Road. Sie ist ein dezentrales digitales System, das den Datenaustausch zwischen staatlichen Institutionen und Bürgern organisiert. Den elektronischen Staatsbürgern stehen selbstverständlich nicht sämtliche Rechte der tatsächlichen Staatsbürger zu, dennoch wächst ihre Zahl stetig. Estland will eines Tages zehn Millionen digitale Bürger haben.

El Campo de Cebada **ist ein Aktionsraum auf dem gleichnamigen Platz in Madrid. Er zeigt, wie Städtebau »von unten« möglich ist.** Nachdem auf dem Platz eine Sportanlage abgerissen wurde, fehlten der Stadt die Mittel für den geplanten Neubau. Daraufhin besetzten Anwohner die Fläche und verwandelten sie mit einfachen Mitteln in eine Gemeinschaftsfläche für unterschiedliche Aktivitäten – Gärtnern, Tanz, Musik, Sport, Kino, Theater, Kunst, Workshops, politische Veranstaltungen etc. Seit 2010 verfolgt das Projekt das Ziel, mit basisdemokratischen Mitteln möglichst viele Menschen einzubeziehen. Dazu gehört auch die Abstimmung mit der lokalen Verwaltung, die das Projekt inzwischen finanziell unterstützt.

Expo 2000, **der niederländische Pavillon auf der Weltausstellung in Hannover stapelte auf einer Grundfläche von 1024 Quadratmetern insgesamt 8000 Quadratmeter Landschaft.** Das Gebäude überragte mit seinen 47 Metern Höhe alle anderen Länderpavillons vor Ort. Dabei erschöpfte sich die Besonderheit der Architektur nicht im schieren Volumen, sondern zeigte sich vielmehr in der Nutzung des Raumes. Der Bau, der aus Holz, Metall und Beton errichtet wurde, stapelte sandwichartig verschiedene Landschaften übereinander: Ein Blumenmeer aus Tulpen befand sich im unteren Teil des Gebäudes, das durch Wasser aus großen Regenauffangbecken bewässert wurde. Auch dünenähnliche Landschaften fanden sich in dem Gebäude, große bewachsene Wasserflächen und im dritten Stock, auf 20 Meter Höhe, eine Waldlandschaft mit echten Eichen, die umsichtig in die Architektur eingebunden wurden. Das achtstöckige Gebäude kommt ohne Außenmauern aus und öffnet damit den Innenraum zur Außenwelt: Die Grenzen zwischen Natur und Architektur verschwimmen. Die Architekten von MVRDV (**Seoullo 7017**) zeigten nicht nur, wie Architektur Natur und Technik synthetisiert, sondern gaben auch einen visionären Ausblick darauf, wie Grünflächen in immer dichter bebauten Städten Platz finden können.

Das Flussbad Berlin hat das Ziel, die durch Berlin fließende Spree so zu reinigen, dass man darin schwimmen kann. Die Architekten von realities:united hatten im Jahr 2000 die Idee, einen entlang der Museumsinsel durch die historische Innenstadt fließenden Kanal entsprechend umzugestalten. Dazu soll ein Filter aus Pflanzen das Wasser im Kanal reinigen und das Ufer entweder mit Treppen zugänglich gemacht oder begrünt und renaturiert werden. Mit Aktionen wie dem jährlichen Wettschwimmen inklusive Flussbad-Pokal versucht die Initiative, Unterstützer und Aufmerksamkeit zu gewinnen. Außerdem haben sie eine Machbarkeitsstudie durchgeführt und einen Pflanzenfilter getestet. Das leider nach wie vor

IN HANNOVER STAPELTEN DIE ARCHITEKTEN VON MVRDV UNTERSCHIEDLICHE LANDSCHAFTEN ÜBEREINANDER: DER NIEDERLÄNDISCHE PAVILLON AUF DER EXPO 2000.

unrealisierte Projekt zeigt, wie unbedacht Städte heute noch mit ihren Ressourcen umgehen. Schließlich gibt es sehr viele Städte, durch die Flüsse fließen, und nur in wenigen kann man schwimmen. Dabei soll das Leben in der Stadt auch lebenswert sein – und dazu gehört auch, die Wasserflächen so zu reinigen, dass sie für Sport, Spiel und Spaß genutzt werden können.

Flywheels **sind kleine Mobilitätskapseln, die sich zu längeren Zügen zusammenschließen lassen.** Seit Jahren werden Konzepte für derartige Kapseln entwickelt. Die Idee ist eigentlich immer die gleiche: Eine Kapsel kann sowohl in Zügen gekoppelt als auch selbständig unterwegs sein. Die Grenze zwischen individuellen und öffentlichen Verkehrsmitteln wird dabei aufgehoben. Die Flywheels wurden vom Berliner Architekten und Stadtplaner Max Schwitalla entworfen, er hat damit 2014 beim Audi Urban Future Award Aufsehen erregt. Bleibt zu hoffen, dass die Automobilhersteller die Alternativen zu ihren traditionellen Produkten ernst nehmen – und im Idealfall selbst vorantreiben.

Fun Palace **ist ein utopischer Entwurf aus dem Jahr 1961 für ein flexibles, ständig wandelbares Spaßlabor.** Er stammt vom britischen Architekten Cedric Price, der die Architektur des 20. Jahrhunderts entscheidend prägte – auch wenn nur wenige seiner Entwürfe realisiert wurden. Der Fun Palace ging aus einer Kooperation mit der Theater-Regisseurin Joan Littlewood hervor. Den Anforderungen des Theaters entsprechend ermöglicht die Architektur des Fun Palace flexible Raumgestaltung. Er sollte eine Kulturmaschine sein, die ständig ihre Erscheinung und Nutzungsmöglichkeiten verändert. Mit seinem Fokus auf die kreative Entfaltung des Menschen steht der Fun Palace der Stadtutopie New Babylon nahe, die dem Menschen im wahrsten Sinne des Wortes Spielraum (zurück-)geben möchte.

Growing Underground **ist eine urbane Farm in einem ehemaligen Bunker in London. Dort wachsen unter LED-Licht Gemüse, Salate und Sprossen.** Die Pflanzen wurzeln ohne Erde in einer Nährlösung in speziell entwickelten, hydroponischen Regalsystemen 33 Meter unter der Erdoberfläche. Dabei benötigen sie 70 Prozent weniger Wasser als beim herkömmlichen oberirdischen Anbau. Ausgeklügelte, pinke LED-Beleuchtung imitiert Tageslicht und stimuliert das Pflanzenwachstum. Die progressive und nachhaltige Anbaumethode findet bereits Nachahmer und Folgeprojekte weltweit. Indoor Farming ist wetter- und jahreszeitenunabhängig und muss sich deshalb nicht nach Saison und Erntezeit richten. Da die Systeme geschlossen sind, müssen keine Herbizide, Fungizide oder Pestizide eingesetzt werden. So könnte die Natur rund um die Städte geschont werden.

Grundbau und Siedler **ist ein Haus zum Selbstausbau in Hamburg. Damit sollen sich auch Familien mit geringem Einkommen eine eigene Wohnung leisten können.** Die Architekten Bernhardt und Leeser vom Architekturbüro BeL aus Köln haben – ähnlich wie Frei Otto bei den Ökohäusern in Berlin – nur den Grundbau zur Verfügung gestellt, also die Konstruktion, die Decken und die Anschlüsse für den gebäudetechnischen Ausbau. Die Nutzer oder zukünftigen Siedler können selbst festlegen, welchen Raum sie als Bad, Küche oder Schlafzimmer nutzen wollen. Und wenn sie beim Ausbau selbst Hand anlegen, sparen sie Kosten. Damit dennoch ein technisch und ästhetisch ansprechendes Ergebnis herauskommt, haben die Architekten ein Handbuch entwickelt. Darin wird erklärt, was man selbst machen kann – und wofür man besser einen Profi an Bord holt. Das Projekt entstand im Rahmen der Internationalen Bauausstellung. Für die Architekten ist der 2013 in Hamburg realisierte Bau nur ein Prototyp – sie hoffen, weitere Selbstbau-Gebäude auch in anderen Städten realisieren zu können.

HoHo **ist ein 84 Meter hohes Hochhaus in Wien, das hauptsächlich aus Holz besteht.** Der Kern des Holz-Hybrid-Baus ist aus Beton, der Holzanteil des Außenraums des 24-geschossigen Gebäudes liegt jedoch von der ersten Etage aufwärts bei 75 Prozent. Auch im Innenraum, der sich über insgesamt 25 000 Quadratmeter Grundfläche erstreckt, wurde hauptsächlich Holz verwendet. Die Innenwände und die Decken sind beispielsweise aus naturbelassenem Fichtenholz. Der Bau, der Ende des Jahres 2019 fertiggestellt werden soll, zeigt, warum Holz wieder als zukunftsträchtiger Naturbaustoff gilt: Trotz geringen Gewichts verfügt Holz über ein hervorragendes Verhältnis von Elastizität und Stabilität. Außerdem sorgt Holz für ein gutes Raumklima. Da für den Bau ausschließlich Holz aus zertifiziertem, nachhaltigem Anbau verwendet wurde, wird zugleich auf die Herausforderungen des Klimawandels reagiert: Gebäude sollten für die Zukunft errichtet werden, und nicht auf ihre Kosten.

House of One**: Wo Moslems, Juden und Christen unter einem Dach beten. Eine Stadt, die Diversität akzeptiert, bringt auch neue Orte der Begegnung hervor.** Kuehn Malvezzi, die Architekten des Entwurfes, verzichten bewusst auf die ostentative Nutzung religiöser Symbolik. Trotzdem gibt es neben Unterstützung auch viel Kritik an dem Vorhaben, und es ist noch unklar, ob und in welcher Form es jemals realisiert werden wird. Doch schon die Diskussionen zeigen: Wer die Heterogenität zeitgenössischer Stadt aktiv leben will, muss offen sein für Neues, muss bereit sein, die eigenen Traditionen zu überdenken. Der Entwurf für das House of One zeigt, dass Architektur dazu einen ganz konkreten Beitrag leisten kann.

Für das Humboldt Forum im Berliner Stadtschloss entwarfen Kuehn Malvezzi einen Bau, der prozesshaft entstehen sollte. Das Berliner Architekturbüro nahm 2008 am Architekturwettbewerb für das Humboldt Forum und den Wiederaufbau des Berliner Stadtschlosses teil. Ihr Entwurf sah vor, das Schloss in seinem Baukörper und seinen Proportionen wiederherzustellen – jedoch nicht als detaillierten Nachbau, sondern als unverputzten Ziegelbau. Später könnten dann Schritt für Schritt einzelne Fassadenornamente hinzugefügt werden, bis die gesamte Fassade in ihrem historischen Erscheinungsbild verwirklicht ist. Gewonnen haben sie mit diesem Entwurf nicht, da er nicht den Auslobungsbedingungen entsprach – dennoch gab es einen Sonderpreis. Denn das wirklich Spannende an diesem Entwurf ist die Möglichkeit, die Fassade auch ganz anders gestalten zu können und den Bau des Humboldt Forums als Prozess zu begreifen.

Kalkbreite ist ein Genossenschaftsprojekt in Zürich. Um bezahlbaren Wohnraum für 230 Leute zu errichten, wurden hier 2014 radikale Wohnkonzepte realisiert. Weil Menschen unterschiedliche Lebensvorstellungen haben, gibt es in der Kalkbreite unterschiedliche Wohnungstypen: Neben Wohnungen für Pärchen und Kleinfamilien mit zwei bis fünf Zimmern gibt es auch Wohnungen mit 17 Zimmern für WGs. Für Singles gibt es kleine Studios, die in Clustern um eine

IN ZÜRICH SCHUF 2014 EIN GENOSSENSCHAFTS-
PROJEKT BEZAHLBAREN WOHNRAUM MIT FLEXIBLEN
WOHNKONZEPTEN: DIE KALKBREITE.

gemeinsame Küche angesiedelt sind. Außerdem gibt es einen Superhaushalt mit 20 Wohnungen, die sich eine gemeinsame Großküche mit Koch teilen. Zusätzliche Joker-Wohnungen können nach Bedarf temporär genutzt werden – beispielsweise für Besuch, Au-pairs oder zusätzliche Kinderzimmer. Außerdem gibt es zahlreiche Gemeinschaftsflächen für unterschiedliche Nutzungen, wie Waschsalon, Sauna, Werkstatt, Arbeitsplätze, Besprechungsräume und natürlich einen großen Hof. Um all das kostengünstig zu realisieren, wurde die individuelle Wohnfläche minimiert. Während die durchschnittliche Wohnfläche in der Schweiz bei 45 Quadratmetern pro Person liegt, müssen in der Kalkbreite 32 Quadratmeter reichen. Auch auf Parkplätze haben die Bewohner verzichtet. Wenn man mitten in Zürich wohnt, braucht man kein Auto. Zudem ist für alle Bewohner ein gewisses Maß an Flexibilität Pflicht: Wenn eine Familie sich verkleinert, weil beispielsweise ein Kind auszieht, muss sie – im selben Gebäudekomplex – in eine kleinere Wohnung ziehen. Eine andere Familie, bei der ein Kind dazugekommen ist, bekommt dann eine entsprechend größere Wohnung. Was man von der Kalkbreite lernen kann: Wenn jeder auf etwas Raum verzichtet, haben am Ende alle mehr!

Konvent der Bürgermeister nennt sich ein politischer Zusammenschluss, der im Jahr 2008 gegründet wurde. Es ist die erste Initiative dieser Art, die sich nach dem Bottom-up-Prinzip die Erreichung der Energie- und Klimaziele der Europäischen Union zum Ziel setzte. Über 7000 Regional- und Kommunalverwaltungen repräsentieren im Konvent circa 170 Millionen Menschen, von denen die meisten in Italien, Spanien und anderen europäischen Ländern leben. Es sind aber auch Bürgermeister aus afrikanischen oder amerikanischen Städten vertreten, etwa aus Marokko oder Argentinien, sowie aus der Ukraine, der Türkei und der Schweiz. Nach dem Prinzip der »Bottom-up Governance« arbeiten die Vertreter aus 57 Ländern in ihrem kontextbasierten Aktionsrahmen. Der große Erfolg und die enorme Resonanz des Projektes zeigen – wie auch die **Solidarity Cities** –, dass transurbane Zusammenschlüsse für die Zukunft ein erfolgsversprechendes Konzept sind.

Metabolismus ist eine sich an natürlichen Stoffkreisläufen orientierende Vorstellung von Stadt und Architektur. Sie hat im Kontext von Stadtplanung und Architektur zwei unterschiedliche historische Wurzeln. Zum einen ist Metabolismus ein Begriff aus der jüngeren ökologischen Stadtplanung, die vor dem Hintergrund von Klimawandel und Ressourcenknappheit vorschlägt, die Stadt als Organismus mit einem eigenen Stoffwechsel zu verstehen. Mit diesem Begriff soll verdeutlicht werden, dass nicht nur Lebewesen Organismen sind, die in ständigem Austausch mit ihrer Umwelt stehen, sondern auch Strukturen und Systeme wie die Stadt. Städte als urbane Metabolismen zu betrachten, eröffnet eine ganzheitliche Perspektive auf anthropogene Ökosysteme. Sie können als Stoffwechselkreisläufe beschrieben, analysiert und optimiert werden. Gerade in den Debatten um nachhaltiges Ressourcenmanagement spielt ein solches Verständnis eine große Rolle. Metabolismus ist aber auch ein Begriff aus der Architekturgeschichte und steht für eine techno-utopische Architekturströmung aus Japan. In den 1960er Jahren begannen Architekten um Kenzō Tange, Gebäude als sich wandelnde Organismen zu begreifen, als Strukturen, die leben, wachsen und sterben und sich weiterentwickeln und deshalb aus austauschbaren und erweiterbaren Modulen entwickelt werden sollten. Für die Entwicklung unserer Vorstellung von

Globalopolis war die Überlagerung dieser beiden Konzepte stimulierend.

Metrocable **ist eine Seilbahn in Caracas. Sie verbindet eine Favela mit dem Stadtzentrum – und ermöglicht ihren Bewohnern Teilhabe am öffentlichen Leben.** In Metropolen, in denen Transportangebote Höhenunterschiede ausgleichen müssen, sind Seilbahnen ein geeignetes Verkehrsmittel. Sie sorgen für kurze Transportzeiten, entlasten die Straßen, vermeiden auf diese Art Stau und verringern den CO_2-Ausstoß. Ein besonderes Beispiel ist die Metrocable in Venezuelas Hauptstadt Caracas, die über zwei Gondelbahnen, sowie eine Seilbahn verfügt (eine weitere ist in Planung, die jedoch durch die gegenwärtige politische Situation und damit verbundene finanzielle Probleme erheblich erschwert wird). Die erste Linie verbindet seit 2010 die Favela San Agustín, eine informelle Siedlung im bergigen Außenbereich der Stadt, mit dem Stadtzentrum und dem Metronetz am Parque Central. Vorgeschlagen wurde diese Maßnahme von den Stadtplanern des Urban Think Tank als soziale Reform, um den Problembezirk an die Stadt anzuschließen und seinen Bewohnern den Zugang zu Einrichtungen des Einzelhandels, Bibliotheken, Parks, Polizeistationen und Theatern zu ermöglichen.

MFO-Park **ist eine dreidimensionale Grünanlage in Zürich. Das Projekt zeigt: Wer viel Grün in der Stadt haben will, muss Pflanzen stapeln.** Das Grundgerüst des 2002 eröffneten MFO-Parks ist eine 100 Meter lange, 35 Meter breite und 17 Meter hohe Stahlkonstruktion, die von Treppen und Brücken durchzogen ist. An diesem Gerüst entlang ranken sich so viele Pflanzen, dass im Sommer der Stahl unter dem dichten Bewuchs verschwindet. Die Pflanzen wachsen aus hängenden

Rankschalen, in Töpfen, auf Balkonen und Galerien des Gerüstes. Im Winter wird das Gerüst als architektonisch-skulpturales Element sichtbar. Zudem setzt eine ausgeklügelte Beleuchtung die Parkarchitektur nachts in Szene. Der MFO-Park zeigt, dass der urbane Grünraum der Zukunft sich nicht mehr an traditionellen Landschaftsbildern orientiert, sondern eine eigene, urbane Form entwickelt.

Moriyama House zeigt, wie das traditionelle japanische Konzept des hochverdichteten Wohnens für die Gegenwart neu belebt werden kann. In der japanischen Gesellschaft spielen Gemeinschaft und soziales Zusammenleben eine große Rolle. Die Straße war so lange ein gemeinsamer Lebensraum der Stadtbewohner, bis moderne Mobilität und Stadtplanung sie zu einem Ort machten, der Begegnung und Miteinander eher verhindert als fördert. Für das 2005 fertiggestellte Moriyama House hat der japanische Architekt Ryūe Nishizawa zehn Kuben aufeinandergestapelt. Einige sind Wohnboxen mit einer Größe von 16 bis 30 Quadratmetern, andere gemeinschaftlich genutzte Küchen, Nassräume oder Stauräume. Die einzelnen Würfel lassen sich nur über Außenwege betreten, wodurch überraschende Wege, Terrassen, Balkone und Mikrogärten entstehen, die den Bewohnern den Außenraum, der auf den belebten Straßen verlorenging, wieder zurückgeben. Das ganze Haus, das sich der Besitzer und sechs Mietparteien teilen, funktioniert also wie eine kleine Stadt. Der Außenraum ist ein Ort der Begegnung und Gemeinschaft. Die Architektur motiviert die Menschen, sich nicht in das Innere der Gebäude zurückzuziehen, sondern gemeinsam die Nachbarschaft zu erleben. Denn Stadt bedeutet immer auch Gemeinschaft – und zusammen ist das Leben schöner. Ein Prinzip, das sich auch auf andere dichte Städte übertragen ließe.

DER KÜNSTLER CONSTANT ENTWARF VON 1956 BIS 1974 EINE VISIONÄRE, DYNAMISCHE UND BEWEGLICHE STADT: NEW BABYLON.

Mycopolitan **ist eine unterirdische Farm in Philadelphia, in der Pilze auf Pappe und Holz angebaut werden.** Pilze sind optimal für städtische Landwirtschaft, da sie verhältnismäßig einfach zu kultivieren sind. Sobald Luftfeuchtigkeit und Lichtverhältnisse stimmen (in Philadelphia vor allem von September bis Mai, wenn es noch nicht zu heiß ist), sprießen sie in kürzester Zeit auf einfach zu pflegenden Unterlagen, die zuvor mit Pilzsporen geimpft wurden. Je nach Sorte des Pilzes können das Pappe, Stroh oder Holzspäne und -balken sein, also Materialien, die nach dem Gebrauch kompostiert werden können. Die Farm verfügt über ein eigenes Labor, Sterilisierungseinrichtungen und eine Packstation. Bislang beliefert Mycopolitan Restaurants, Privatkunden und ausgewählte Verkaufsorte. Zukünftig wollen sie ihr Sortiment durch pilzbasierte medizinische Produkte ergänzen. Wie Brooklyn Grange, Growing Underground oder Techno Farm Keihanna zeigt Mycopolitan, dass auch in einer Millionenstadt Landwirtschaft möglich ist – wenn man sich von romantischen Bildern des Bauernhofidylls verabschiedet.

New Babylon **ist die Utopie einer Stadt für den spielenden Menschen, ein Ort kreativer Entfaltung.** Erfunden hat New Babylon der niederländische Künstler Constant Nieuwenhuys, der den meisten nur unter seinem Vornamen bekannt ist. Von 1956 bis 1974 arbeitete er an seiner Stadtvision, die ursprünglich durch seine Eindrücke der Automatisierungswelle nach dem Zweiten Weltkrieg motiviert war. Ist der Mensch erst einmal von der Last der Arbeit befreit, so die Überzeugung hinter dem Stadtentwurf, so würde sich seine Kreativität voll entfalten können. Der Mensch realisiere dann erst sein volles Potential als Homo ludens, als spielender Mensch. Den Anforderungen des spielenden Menschen entsprechend entwarf er New Babylon als einen sich ständig transformierenden Ort, eine dynamische Lebensumgebung. Ihre Gestalt sollte sich fluide in alle Richtungen bewegen können, ohne Grenzen. Auch wenn der Entwurf Constants bewusst vage blieb, gibt es viele Elemente, die für Stadtplanung und Architektur bis heute relevant sind. So etwa die von ihm entwickelten Organisationsformen, bei denen die Aktivität der Stadtbewohner die Umwelt gestalten sollte, und nicht umgekehrt. Umwelt dient in dieser Utopie dazu, spielerisch alle Möglichkeiten offenzuhalten.

Ökohäuser **nannte der Architekt Frei Otto seinen Entwurf für eine mehrstöckige Stahlbetonkonstruktion für die Internationale Bauausstellung in Berlin 1987. Das Besondere: Die Bewohner sollten sich in den Rohlingen ihre Wohnungen den eigenen Vorstellungen entsprechend selbst fertigbauen.** Sein Entwurf sah eine Art Baumhaus vor, in dem auf 50 Metern Höhe insgesamt acht doppelgeschossige Wohneinheiten Platz finden sollten. In Berlin bauten schließlich 18 Bauherren in Anlehnung an diesen Entwurf am Tiergarten 26 Maisonette-Wohnungen in doppelgeschossigen Gebäuden. Allerdings wurde von den Bewohnern nicht alles so umgesetzt, wie der Architekt es erdacht hatte. Anstelle von grün bewachsenen Terrassen und Balkonen wurden beispielsweise Wintergärten und verglaste Bauelemente bis an den Gebäuderand gezogen. Auch der geplante Fokus auf ökologischem Bauen wurde durch die improvisatorischen und teilweise chaotischen Bauprozesse torpediert. Nichtsdestotrotz sind die Häuser ein einzigartiges Beispiel für ein Architekturverständnis, in dem nicht der Planer das letzte Wort behält, sondern die Bewohner das Gebäude sukzessive an ihre persönlichen Vorlieben und Bedürfnisse anpassen – und vermitteln so eine Idee, wie eine Ästhetik des Unfertigen aussehen könnte.

IN BERLIN BAUTE DER ARCHITEKT FREI OTTO FÜR DIE IBA 1987 EINEN ROHBAU. DIE WOHNUNGEN WURDEN VON DEN BEWOHNERN NACH EIGENEN VORSTELLUNGEN ZU ENDE GEBAUT: DIE ÖKOHÄUSER.

One Central Park **ist ein Gebäudekomplex in Sydney. Die zwei mit Pflanzen bewachsenen Turmbauten sollen helfen, die CO_2-Bilanz der Stadt zu verbessern.** 36 000 Pflanzen überziehen die Fassade des Gebäudekomplexes. Sie binden Schadstoffe und filtern die Luft, beschatten das Gebäude aber auch so, dass in den heißen Sommermonaten bis zu 30 Prozent der sonst von Klimaanlagen verbrauchten Energie eingespart werden kann. Bewässert werden die Pflanzen mit recyceltem Wasser, das im Haus entsteht – wobei die Verdunstung von überschüssigem Gießwasser für einen weiteren Kühleffekt am Haus sorgt. Das Highlight von One Central Park ist jedoch der Heliostat, eine gigantische Spiegelkonstruktion, die zwischen den beiden Türmen angebracht ist. Der Heliostat besteht aus 320 Reflektoren, die die Sonne in die unteren Etagen der Gebäude spiegeln. One Central Park wurde vom französischen Architekten Jean Nouvel entworfen, die ausgeklügelte Bepflanzung der Fassaden erfolgte nach dem Entwurf des Botanikers Patrick Blanc.

Paris-Plage **ist eine Aktion, die in Paris das Ufer der Seine jeden Sommer in einen urbanen Strand verwandelt.** Seit 2002 werden zur Ferienzeit im Juli und August Abschnitte der Uferstraßen gesperrt und mit Sand aufgeschüttet. Volleyballfelder, Wasserzerstäuber, kulturelle Veranstaltungen und ein breites Kursangebot – von Rudern bis Stand-up-Paddling – machen den temporären Strand noch attraktiver. So wird für alle Stadtbewohner sinnlich erlebbar, dass Stadt nicht laut und stinkend sein muss, sondern auch zum Erholen einladen kann.

Parking Days **sind sich jährlich wiederholende Aktionstage, an denen Parkplätze besetzt und kreativ zweckentfremdet werden.** Seit 2005 besetzen an jedem dritten Freitag im

September urbane Umweltaktivisten, Künstler, Designer, Kindergärten, Schulen und andere Stadtbewohner weltweit Parkplätze. So entstehen Cafés an den Straßenrändern von Tokio, Pop-up-Gärten im Stadtzentrum von Sydney und Bars auf den Ausfallstraßen von Barcelona – immer nur für einen Tag, als Ausdruck einer Möglichkeit, Stadtraum ganz anders zu nutzen, als wir es heute tun. Als im Jahr 2009 der Times Square kurzfristig für Autos gesperrt wurde, stieß die Aktion sogar auf so viel Resonanz, dass inzwischen ein Teil des Times Square dauerhaft zur autofreien Zone erklärt wurde. Bei allem kreativen Spaß und Spiel auf den leeren Parkplätzen geht es den Aktivisten natürlich um mehr: Sie wollen darauf aufmerksam machen, dass in den Städten viel zu viel Raum von ruhendem Verkehr besetzt wird.

Phalanstère **ist eine frühsozialistische Wohnutopie. Hier sollten Menschen gemeinschaftlich und frei leben, arbeiten – und lieben. Im frühen 19. Jahrhundert entstanden nach einer von Charles Fourier formulierten Idee mehrere Mustersiedlungen.** Auch wenn diese Siedlungsprojekte scheiterten, zeigen sie, dass in Zeiten des gesellschaftlichen Wandels neue Ideen für die Organisation des Zusammenlebens entwickelt und erprobt werden. Dass Fourier sich bei der architektonischen Ausgestaltung seiner Wohn- und Lebensutopie am Schloss Versailles orientierte, kann man aus heutiger Sicht entweder als Zeichen eines Mangels an gestalterischer Phantasie oder als spezielle Form von Humor verstehen.

PlanBude **ist eine Künstler- und Aktivistengruppe, die in Hamburg für mehr Beteiligung kämpft, um Anwohner stärker in Stadtplanungsprozesse zu involvieren.** Seit 2014 gestaltet die PlanBude einen experimentellen Beteiligungsprozess für die Neubebauung der Esso-Häuser in Hamburg. Dabei zeigt sie auf, wie man mit kreativen Formen der Partizipation lokale Demokratie ermöglichen kann. Das Besondere am Vorgehen der PlanBude ist, dass der Beteiligungsprozess weit vor der gesetzlich vorgesehenen Bürgerbeteiligung einsetzte und mit Anwohnern auf kreative Weise Wünsche für die Nutzung der Neubebauung entwickelte. Dazu stellte die PlanBude einen Container am vorgesehenen Baugrundstück auf, veranstaltete Workshops in Schulen und Kindergärten, organisierte Stadtspaziergänge und suchte Anwohner abends in Kneipen auf, damit auch Stimmen zu Gehör kommen, die sich sonst nicht aktiv in Beteiligungsprozesse einbringen. Die so gesammelten Wünsche wurden zur Grundlage für Entwürfe, die von verschiedenen Architekten angefertigt wurden. Dabei ging es auch um ganz handfeste Anliegen, wie zum Beispiel die langfristige Sicherung von Sozialwohnungen. Dass dieser Beteiligungsprozess von der Stadt finanziert und vom Investor getragen wurde, liegt auch an der Besonderheit des Ortes. Die Esso-Häuser liegen in St. Pauli, und Stadt und Investor hatten Angst vor Konflikten mit der dort sehr aktiven politischen Szene. Es bleibt zu hoffen, dass der in St. Pauli entwickelte kreative Beteiligungsprozess Schule macht und auch an anderen Orten angewandt wird – ohne dass Druck von der Straße gemacht werden muss.

Prinzessinnengärten heißt ein Urban-Gardening-Projekt in Berlin-Kreuzberg, in dem Anwohner gemeinsam eine ehemalige Brachfläche bewirtschaften. Inmitten eines jungen Robinienwäldchens ist seit 2009 ein sinnlicher Ort mit Café, Werkstätten und Bibliothek entstanden. Dabei werden nicht nur gemeinschaftlich Lebensmittel in mobilen Beeten angebaut, geimkert, Regenwürmer gezüchtet und Lastenfahrräder gebaut, vor allem wird hier auch Wissen geteilt und über stadtpolitische Themen diskutiert. Der Garten ist inzwischen Aushängeschild des Berliner Stadtmarketings und ein kleiner Tourismusmagnet – und Vorbild für ähnliche Projekte in aller Welt.

Quinta Monroy ist eine experimentelle Wohnsiedlung im chilenischen Iquique, die Alejandro Aravena und sein Büro Elemental so entworfen haben, dass sie von ihren Bewohnern weitergebaut werden kann. Kern dieses Sozialbauprogramms ist, dass die Häuser nur zur Hälfte gebaut werden. So entsteht eine markante, kammartige Struktur, die von den Bewohnern selbst weitergebaut werden kann, wenn dafür Geld zur Verfügung steht – und sie wissen, wofür sie den Raum brauchen. 2004 errichtet, sind inzwischen fast alle Lücken gefüllt, mal mit Wohnraum, mal mit einer Werkstatt oder einem Ladengeschäft. Dieses Siedlungskonzept ist besonders für schnell wachsende Städte interessant, die mit begrenzten Mitteln anpassungsfähigen Wohnungsbau betreiben wollen. Anders als bei den Ökohäusern von Frei Otto in Berlin oder dem Projekt Grundbau und Siedler von BeL in Hamburg gelingt Aravena durch diese Versuchsanordnung eine perfekte Balance zwischen einer prägnanten städtebaulichen und architektonischen Grundstruktur und der Freiheit des individuellen Ausdrucks beziehungsweise der Anpassung an individuelle Bedürfnisse. Nicht umsonst wurde Aravena 2016 mit dem Pritzker-Preis, einer Art Nobelpreis der Architektur, ausgezeichnet.

R-Urban versucht, das Konzept der Kreislaufwirtschaft ins Bauwesen einzuführen. Dazu sammelt man beim Abbruch von Gebäuden Materialien, die später in anderen Vorhaben

wiederverwendet werden können. 2012 im Pariser Vorort Colombes vom Atelier D'Architecture Autogérée gegründet, besteht R-Urban aus den drei Einrichtungen AgroCité (urbane Landwirtschaft), RecycLab (Recycling) und EcoHab (ökologischer Wohnungsbau). Gemeinsam mit lokalen Behörden, Organisationen und Bewohnern verfolgen sie das Ziel, ökologische Kreisläufe aus Produktion, Verbrauch und Recycling zu etablieren. Das Konzept vereint die Ansätze des »Cradle-to-Cradle« mit Kooperation und Selbstorganisation. Zu den im Rahmen von R-Urban entstandenen Einrichtungen gehören Gemeinschaftsgärten, Kompost- und Recyclinganlagen, Werkstätten, Anlagen zur Strom- und Wärmeerzeugung und Abwasserreinigung, Wochenmarkt, Café und ein Lager für wiederverwertbare Materialien.

Resilient Cities **sind Städte, die auf äußere Einflüsse und spezifische urbane Belastungen besonders widerstandsfähig reagieren können.** Das Theoriemodell der »Resilient City« sieht vor, dass die technische und auch soziale Infrastruktur nicht nur gegen äußere Einflüsse hermetisch geschützt werden soll, sondern auch flexibel reagieren muss. Ein Beispiel ist die Resilienz gegenüber dem Klimawandel – urbane Räume müssen Unwettern und Klimaveränderungen robust trotzen können. Allerdings erschöpft sich Resilienz keinesfalls in Widerstandsfähigkeit gegenüber Naturkatastrophen, sondern kann sich auch auf politische, kulturelle und gesellschaftliche Anpassungsfähigkeit beziehen.

Rock Print Pavilion **ist eine Installation, die ein Roboter aus Schutt und Schotter hergestellt hat.** Die Architekten Fabio Gramazio und Matthias Kohler, beide Professoren an der ETH Zürich, beschäftigen sich schon lange mit den Möglichkeiten

IM CHILENISCHEN IQUIQUE ERRICHTETE DER ARCHITEKT ALEJANDRO ARAVENA 2004 EINE SIEDLUNG, DIE VON IHREN BEWOHNERN WEITERGEBAUT WERDEN KANN: DIE QUINTA MONROY.

von Automatisierung und Robotik in der Architektur. Ihre spielerische Installation bietet Ausblick auf eine Architektur der Zukunft, in der Roboter aus dem Schutt der unbrauchbar gewordenen Betonarchitektur der Gegenwart neue Gebäude schaffen. Die Stadt wird der Steinbruch für eine neue Zukunft, in der das Alte zu etwas völlig Neuem recycelt wird. Und vielleicht werden es dann nicht mehr Menschen sein, sondern künstliche Intelligenzen und Roboter, die die Ästhetik dieser neuen Stadt definieren.

Seoullo 7017 ist eine vielbefahrene Hochstraße, die in einen öffentlichen Park verwandelt wurde. Die Umwidmung der Fläche in der koreanischen Hauptstadt Seoul wurde im Jahr 2017 im Rahmen eines Städtebauprojektes vorgenommen, da die an die Hochstraße angrenzenden Stadtviertel zunehmend verwahrlosten. Zudem führte der Straßenausbau der 1970er Jahre nicht zu einem staufreien Verkehrsfluss, sondern zu mehr Stau. Inspiriert von erfolgreichen Projekten, wie der New Yorker High Line, einer ehemaligen Hochbahntrasse, die in einen Park umfunktioniert wurde, wurden auf der Hochstraße mehr als 24 000 Kübel aufgestellt und mit über 228 unterschiedlichen Pflanzenarten bepflanzt. Außerdem verfügt der Seoullo 7017 Skygarden über zahlreiche Sitzmöglichkeiten. Das verantwortliche Architekturbüro MVRDV entwarf auch den niederländischen Pavillon auf der Expo 2000. Seoullo 7017 illustriert, wie sich die Vorstellungen von menschlichen Bedürfnissen in der Stadtplanung wandeln: Während man früher davon ausging, dass Menschen glücklich seien, wenn sie über möglichst viele breite Straßen für ihre Autos verfügen, weiß man heute, dass Wege zum Spazieren, Gärten zum Entspannen und Freiflächen zum Spielen einen zeitgemäßeren Beitrag zum urbanen Glück leisten. So weisen stadtplanerische Paradigmenwechsel auch immer auf gesellschaftlichen Wertewandel hin.

Solidarity Cities **sind Städte, in denen jeder Mensch willkommen und deshalb kein Mensch illegal ist.** Sämtliche Bewohner haben das Recht, in der Stadt zu wohnen und zu arbeiten, alle haben freien Zugang zu Bildung und medizinischer Versorgung. In Solidarity Cities sollen Herkunft, Religion oder gesellschaftlicher Status bei der Mitgestaltung des urbanen Raums und seiner politischen Verwaltung keine Rolle spielen. Die Idee stammt aus Kanada. Im Jahr 2013 erklärte der City Council von Toronto die Stadt zu einer sogenannten »Sanctuary City«. Die Polizei bekam von der Stadtregierung die Anweisung, bei einer Personenkontrolle den Aufenthaltsstatus nicht mehr zu überprüfen. Für die Etablierung der Solidarity Cities gibt es transnationale Kooperationen von Städten, Initiativen und aktivistische Kampagnen. Bürgermeister aus aller Welt engagieren sich bereits – auch, um ihrer politischen und moralischen Verpflichtung nachzukommen. Inzwischen sind Zürich, Amsterdam, Stockholm, Florenz, Athen, Leipzig und Ljubljana dem europäischen Netzwerk der Solidarity Cities beigetreten – und 2019 auch Berlin.

Die Stiftung Edith Maryon **entzieht Grundstücke der Spekulation, damit sie dauerhaft sozialverträglich genutzt werden können.** Mehr als 100 Projekte, vor allem in der Schweiz und in Deutschland, wurden bereits umgesetzt. Die Stiftung wurde 1990 in der Schweiz gegründet, Namensgeberin ist Edith Maryon, die sich als Mitarbeiterin des Anthroposophen Rudolf Steiner schon vor mehr als 100 Jahren für sozialen Wohnungsbau engagierte. Die Grundstücke werden vorzugsweise von der Stiftung erworben und per Erbbaurecht zur

Verfügung gestellt. Ein Weiterverkauf der Grundstücke ist ausgeschlossen.

Supertrees **sind multifunktionale Bäume aus Stahl und Beton, die dank ihres Bewuchses die Stadtluft reinigen.** Am Hafenviertel von Singapur liegen seit 2012 die Gardens by the Bay, die weit mehr sind als eine Parkanlage. Neben unterschiedlichen Pflanzenarten aus verschiedenen Klimazonen gibt es hier auch eine ganz neue Gattung von Bäumen zu sehen: die multifunktionalen Supertrees. 25 bis 50 Meter hoch sind diese künstlichen Bäume aus Stahl und Beton. Sie sind mit Pflanzen bewachsen, können Regenwasser speichern, dienen als Belüftungsschächte für die Gewächshäuser, erzeugen über Solarzellen Strom und werden sogar als Aussichtsplattform benutzt. Die Supertrees entfalten eine ganz neue Ästhetik produktiver Grünräume, sie sind Natur und Technik in einem.

Techno Farm Keihanna **ist Japans größte automatisierte Indoor-Farm. Hier übernehmen Roboter einen Großteil der Arbeit.** Nicht nur infolge der Atomreaktorkatastrophe im Jahr 2011 wächst in Japan das Interesse an Indoor-Farmen, die die Stadtbevölkerung mit frischem, gesundem Grün versorgen. Die gigantischen Farmen wirtschaften dabei auch noch ressourcenschonend und nachhaltig. Indem 98 Prozent des Wassers recycelt werden, benötigt ein Kopf Salat, bis er geerntet werden kann, nur 110 Milliliter Wasser. Zum Vergleich: Noch vor wenigen Jahren galt es als Erfolg, dass im »Vertical Farming« pro Kopf nur 830 Milliliter eingesetzt werden mussten. Im Vergleich zur konventionellen Landwirtschaft benötigt ein Salatkopf aus Hydrokultur mehr als 70 Prozent weniger Wasser. Hinzu kommt, dass aufgrund der keimfreien Umgebung keine Pflanzenschutzmittel eingesetzt werden müssen und das Grün frei von Schadstoffen ist. Rund 2400 Supermärkte beliefert das Unternehmen Spread mit seinen täglich circa 30 000 erntereifen Salatköpfen. In der hochtechnisierten Fabrik in der Nähe von Kyoto sind nur 25 Menschen angestellt, der Rest wird von Robotern erledigt, die für Pikieren und Umsetzen der Setzlinge, Ernte und anschließendes Verpacken zuständig sind.

The Spark **ist ein Konzept für eine Siedlung, in deren Mitte ein Datenzentrum steht, dessen Abwärme Wohnhäuser beheizt.** Der Entwurf des norwegischen Architekturbüros Snøhetta basiert auf einer Auswertung mehrerer Studien zum weltweit steigenden Energieverbrauch. Den Forschungsergebnissen zufolge werden derzeit nämlich 40 Prozent der Energie von Gebäuden verbraucht und zwei Prozent der weltweiten Energie von Rechenzentren – wobei der Bedarf Letzterer in Zukunft deutlich steigen wird. Dabei produzieren die großen Datenfarmen eine Ressource, die bislang noch weitestgehend ungenutzt bleibt: Abwärme. In Warmwasser umgewandelt könnte sie dafür genutzt werden, umliegende Gebäude – Schwimmbäder, öffentliche Gebäude oder Wohnhäuser – zu versorgen. Sogar die abgekühlte Luft könnte, nachdem ihre Wärme genutzt wurde, wieder zur Kühlung in die Rechenzentren zurückgeführt werden. Wird die Energie für die Rechenzentren zusätzlich über Solarpanele gewonnen, entstünden energiepositive Stadtteile: Orte, die trotz ihres hohen Energiebedarfs Energieerzeuger sind. Die einzige Voraussetzung für die Nutzung der Wärme von Rechenzentren ist, dass sie nicht länger in abgelegenen Gebieten, sondern in urbanen Zentren angesiedelt werden. Bislang existiert The Spark nur als Konzept – allerdings ist eine prototypische Umsetzung absehbar. Sollte das Konzept realisiert werden,

IN SINGAPUR STEHEN SEIT 2012 KÜNSTLICHE BÄUME, DIE LUFT REINIGEN, ENERGIE ERZEUGEN UND REGEN-WASSER SPEICHERN: DIE SUPERTREES.

könnten in Zukunft sogenannte »Power Cities« entstehen, die nicht nur den Energiebedarf ihrer Bewohner decken, sondern sogar mehr Energie erzeugen, als sie selbst benötigen.

Tiny Houses **sind kleine, häufig sogar mobile Minihäuser, die sich wachsender Beliebtheit erfreuen.** Sie sind eine Reaktion auf die sich mobilisierende Gesellschaft, deren Mitglieder immer flexibler leben und wohnen möchten – und müssen. Zugleich sind sie aber auch Reaktion auf die steigenden Immobilien- und Mietpreise und den akuten Platzmangel in urbanen Gegenden. Die Größe der Häuschen variiert. Ganz minimalistische Entwürfe kommen mit einer Grundfläche von zwei bis drei Quadratmetern aus, die großzügigen haben bis zu 50 Quadratmeter, die sich mitunter auch über zwei oder sogar drei Stockwerke erstrecken. Der Reiz am Leben im Tiny House liegt für seine Fans vor allem in der freiwilligen Beschränkung. Der Fokus wird nicht auf das Nötige, sondern auf das Wesentliche gerichtet: Für Unnötiges ist schlichtweg kein Platz. Zugleich ist das Leben in Tiny Houses günstig, sie können für wenige tausend Euro selbst errichtet werden. Darüber hinaus sind sie nachhaltig, weil durch die kleine Wohnfläche Energie- und Ressourcenverbrauch minimiert werden.

VinziRast-mittendrin **ist ein soziales Wohnprojekt in Wien. In einem sanierten Altbau in der Innenstadt wohnen Studierende und ehemalige Obdachlose in WGs zusammen.** Die Idee für dieses Projekt entstand während der Studierendenproteste 2009, als Studierende das Audimax besetzen – und dabei mit Obdachlosen in Kontakt kamen, die das besetzte Audimax zum Übernachten nutzten. Seit 2014 wohnen im VinziRast-mittendrin Studierende und ehemalige Obdachlose in Dreier-WGs zusammen. Neben den Wohnräumen gibt

DER BERLINER ARCHITEKT VAN BO LE-MENTZEL ENTWIRFT KLEINE, MOBILE HÄUSER FÜR DEN NOMADISCHEN LEBENSSTIL: DIE TINY HOUSES.

es im VinziRast-mittendrin auch Werkstätten, in denen Fahrräder repariert und mit Holz gearbeitet werden kann. Unter dem Dach befindet sich ein Atelierraum, der auch Externen für Veranstaltungen offensteht, und im Erdgeschoss gibt es ein stylisches Restaurant, in dem die Bewohner des Hauses, ehrenamtliche Helfer und angestellte Fachkräfte arbeiten. VinziRast-mittendrin zeigt: Diversität kann nur gelebt werden, wenn es Räume gibt, in denen Unterschiedliches aufeinandertrifft – am besten mitten in der Stadt.

Der Wolkenbruchplan von Kopenhagen sorgt mit Grünflächen für weniger Überschwemmungen. Städte sind in besonderem Maße von den Auswirkungen des Klimawandels betroffen. Dazu gehören auch Wetterextreme wie Starkregenereignisse – sogenannte Wolkenbrüche. Die Stadt Kopenhagen hat darauf reagiert und als Klimaanpassungsmaßnahme 2012 einen eigenen Wolkenbruchplan erstellt. Dieser sieht vor, das Überflutungsrisiko zu senken, indem versiegelte Flächen reduziert, der Grünflächenanteil erhöht sowie Rückhalt- und Versickerungsbecken und Notwasserwege zur Ableitung des Regenwassers errichtet werden. Die städtische Resilienz wird dadurch erhöht – und gleichzeitig entstehen, wie bei **Big U**, neue Grünräume, die die Lebensqualität in der Stadt steigern.

7.
NACHWORT

Mit unserem Buch haben wir versucht, ein Bild einer nachhaltigen, gerechten und lebenswerten Stadt der Zukunft zu entwerfen – und wir hoffen, dass es provoziert und so weitere Diskussionen anregt.

Aus Sicht von gestaltenden Disziplinen wie Architektur und Stadtplanung haben wir versucht, aufzuzeigen, wie man sich in der Stadt der Gegenwart bereits auf den Weg zur Stadt der Zukunft machen kann. Denn anders als in den klassischen Idealstadtentwürfen, die durch die Geschichte von Architektur und Städtebau geistern, ist unser Bild der Stadt der Zukunft kein »großer Wurf«, sondern ein Impuls für das Handeln im Hier und Jetzt. Deshalb haben wir nicht nur Bilder entworfen, sondern auch eine Reihe von Projekten vorgestellt, die zeigen, dass ein Wandel möglich ist, dass an vielen Punkten der Welt interessante, richtige Dinge passieren, die, zusammengenommen, Ausblick auf etwas völlig Neues bieten. Die Stadt der Zukunft ist keine Fiktion, sondern – ein Stück weit – bereits Realität.

Stadt wird von uns gemacht. Wir als ihre Bewohner entwickeln, bauen und beleben sie. Und das können wir gut oder schlecht tun, umweltbewusst oder ressourcenvernichtend, menschenfreundlich oder menschenverachtend, anthropozentrisch oder pluriversal.

Es liegt an uns, wie wir die Stadt der Zukunft gestalten.

Datengrundlagen der Infographiken

S. 47-49
United Nations (2018): World Urbanization Prospects 2018.
https://population.un.org/wup

S. 51
Monocle (2018): Quality of life annual.
https://monocle.com/film/affairs/quality-of-life-survey-top-25-cities-2018

S. 56
ESRI (ohne Jahr): Welcome to the anthropocene.
https://story.maps.arcgis.com/apps/MapJournal/index.html?appid=d14f53dcaf7b4542a8c9110eeabccf1c

S. 57
SEDAC (2015): Gridded Population of the World.
https://sedac.ciesin.columbia.edu/data/collection/gpw-v4

S. 71
United Nations (2018): World Urbanization Prospects 2018.
https://population.un.org/wup

S. 72
World Economic Forum – Brodie, Callum (2017): These are the world's most crowded cities.
https://www.weforum.org/agenda/2017/05/these-are-the-world-s-most-crowded-cities

S. 80
New Climate Economy (2018): The 2018 Report of the global commission on the economy and climate.
https://newclimateeconomy.report/2018/wp-content/uploads/sites/6/2018/09/NCE_2018_CITIES.pdf

S. 87
World Cities Culture Forum (2018): % of Public green space (parks and gardens).
http://www.worldcitiesculture forum.com/data/of-public-green-space-parks-and-gardens

S. 93-97
PNAS – Kennedy, Christopher A. u. a. (2015): Energy and material flows of megacities.
https://www.pnas.org/content/112/19/5985

S. 102
McKinsey Global Institute (2017): A future that works. Automation, employment, and productivity.
https://www.mckinsey.com/~/media/McKinsey/Featured%20Insights/Digital%20Disruption/Harnessing%20automation%20for%20a%20future%20that%20works/MGI-A-future-that-works_Executive-summary.ashx

S. 111
PNAS – Kennedy, Christopher A. u. a. (2015): Energy and material flows of megacities.
https://www.pnas.org/content/112/19/5985
Amt für Statistik Berlin-Brandenburg (2017): Statistiken. Gebäude und Wohnungen.
https://www.statistik-berlin-brandenburg.de/regionalstatistiken/r-gesamt_neu.asp?Ptyp=410&Sageb=31000&creg=BBB&anzwer=0

S. 117
Knight Frank (2017): Global Cities. The 2017 Report. https://content.knightfrank.com/research/708/documents/en/global-cities-2017-4078.pdf